KB111897

과학을 생각하다

과학을 생각하다

가볍게 즐기는 사이언스 브런치

2023년 6월 23일 초판 1쇄 발행

지은이 | 허준영
펴낸곳 | 여문책
펴낸이 | 소은주
등록 | 제406-251002014000042호
주소 | (10911) 경기도 파주시 운정역길 116-3, 101동 401호
전화 | (070) 8808-0750
팩스 | (031) 946-0750
전자우편 | yeomoonchaek@gmail.com
페이스북 | www.facebook.com/yeomoonchaek

ISBN 979-11-87700-50-0 (03400)

여문책은 잘 익은 가을벼처럼 속이 알찬 책을 만듭니다.

여문책

차례

4장 기술이 안겨준 혜택

5장 신비하거나 이상하거나

6장 가끔, 진지하게 생각해보기

프롤로그

흔히 '현대 사회는 과학기술의 시대'라고 일컬어진다. 많은 사람이 이 말에 동의할 것이다. 평소 이 주제에 대해 깊이 생각해본 적이 없는 사람이라고 해도 말이다. 어찌 보면 당연한 이야기다. 우리는 대부분 스마트폰 알람 소리를 듣고 잠에서 깨어나 하루를 시작한다. 어기적거리며 부엌으로 걸어가 전기포트에 물부터 끓인다. 향긋한 커피와 빵 한 조각으로 간단히 아침을 때운다. 그러고는 따뜻한 물이 나오는 수도꼭지 앞에서 샴푸로 머리를 감고, 치약으로 이를 닦는다. 집을 나서면 자동차나 지하철을 이용해 일터로, 학교로 간다. 이 가운데 과학기술의 혜택이 아닌 것이 있을까? 거의 없다.

역사학자 유발 하라리의 유명한 저서 『사피엔스』는 4부로 구성되어 있다. 이 중 마지막 4부의 제목은 '과학 혁명'이다. 전쟁사를 전공한 역사학자의 눈에도 현대 사회에서 가장 중요한 키워드가 바로 '과학'이었던 모양이다. 최근에는 정치권에서도 4차 산업혁명이라는 화두를 통해 과학기술 인재 양성과 소프트웨어SW·인공지능AI 교육 강화를 언급하고 있다. 지난 20대 대선과정에서도 여러 후보 캠프에서 '과학기술부총리제'를 공약으로 내걸기도 했다. 과학의 중요성에 많은 사람이 공감하는 것은 분명해 보인다.

하지만 나는 '현대 사회는 과학기술의 시대'라는 말에 아직 동의할 수 없다.

유럽은 오랫동안 기독교 중심의 시대였다. 로마가 기독교를 공인한 이후 지금까지 기독교는 유럽 사회는 물론 전 세계에 많은 영향을 끼쳐왔다. 그 시절은 기독교의 가르침과 사상이 삶의 모든 부분을 지배한 진정 '기독교의 시대'였다. 우리는 연도를 표시하기 위해 기원전BC, 기원후AD라는 용어를 쓴다. BC는 '예수 탄생 이전Before Christ'을 의미하며, AD는 '주님의 해Anno Domini'를 뜻한다. 한때 이 연도 표기법을 쓰던 이들이 전 세계의 패권을 잡았기에 우리가 서양식 표기법인 BC와 AD를 쓰는 것은 당연한 결과일지 모른다. 하지만 현대 사회는 어떤가? 과학사상이 사람들의 삶에 기준이 되고 있는가? 진정한 과학의 시대를 맞이하기 위해 연도 표기법을 바꾸자는 이야기는 아니다.

현대 사회가 과학기술의 기반 위에 성립된 것은 두말할 나위가 없다. 이 시대를 살아가는 이들이 과학기술의 혜택을 누리고 있는 것도 분명하다. 그러나 우리 중 대다수는 과학적 사고를 기반으로 살아가지는 않는다. 당연한 듯 과학의 혜택을 누리지만 삶의 기준으로 삼고 있지는 않다. 그렇기에 아직 '과학기술의 시대'는 오지 않은 것이다.

우리나라 학생들은 수학과 과학을 어려워한다. 학업과정에서 수학 과목을 포기하는 '수포자' 문제는 어제오늘 일이 아니다. 수포자만큼은 아니지만 '과포자'도 상당하다. 수포자나 과포자가 아니라 하더라도, 많은 사람이 학업을 마친 이후에는 수학과 과학을 다시 쳐다보려 하지 않는다. 교육부와 한국직업능력연구원에서 발표하는 초등학생 장래희망 순위에서는 과학자가 2012년 11위에서 2020년에 17위로 떨어졌다. 조만간 20위 밖으로 밀려나지 않을까 걱정이다. 우리의 미래인 아이들과 과학 사이의 거리가 점점 멀어지고 있다.

과학인 척 우리 주변에 자리 잡고 있지만, 사실 과학적 근거가 없는 '유사 과학'도 여전히 활개를 치고 있다. 코로나19에 따른 팬데믹 상황에서 백신 무용론을 주장하는 사람들이 대표적이다. 이들은 과학자 집단이 검증한 연구 결과를 신뢰하지 못하고 비전문가인 몇 사람의 주장을 맹목적으로 믿는다. 그런가 하면 아직도 지구가 평평하다고 믿는 사람들이 있고, 지구온난화 자체가 허구라고 주장하는 사람도 적지 않다. 일본에서 건너온 대표적 유사 과학책 『물은 답을 알고 있다』의 내용과 일맥상통하는, 이를테면 좋은 말을 적어둔 물병의 물이 몸에 좋다는 내용의 콘텐츠가 우리나라

방송에서는 여전히 만들어지고 있다. 그런 사례에 동조하다 못해 적극적으로 퍼뜨리는 일부 유명인의 태도는 더없이 암울하기까지 하다. 혈액형 성격설 정도는 그냥 재미로 봐주더라도 말이다.

우리는 분명 과학의 시대로 가는 길 어딘가에 있다. 일부 그렇지 못한 사례가 있기는 해도 과학이 인류 문명에 전반적으로 도움을 주고 있는 것은 명백하다. 편리함과 물질적인 측면뿐 아니라 인류의 정신적 유산을 형성하는 데도 과학은 큰 도움을 주었다. 노예제도와 인종차별 문제를 해결하고 기본적인 '인권' 개념이 성립된 데는 먹고사는 문제를 어느 정도 해결한 과학의 간접적인 지원이 있었다. 백인이든 흑인이든 DNA에는 큰 차이가 없다는 과학의 연구 결과도 기여한 바가 크다.

물론 과학이 항상 옳지는 않다. 그래서 과학 지식의 특징으로 '잠정성'을 꼽는 것이다. 과학 지식은 절대 불변의 진리가 아니며 새로운 증거가 나오면 언제든 바뀔 수 있는 임시체계다. 그래서 과학이 더 대단한 것이다. 임시적인 것에 불과한 주제에 인간의 삶 전체를 바꿀 수 있는 힘을 가지고 있기 때문이다.

국가의 최고 의사 결정권자들이 과학에 관심이 없다면 어떻게 될까? 만약 코로나19 상황에서 국가가 백신 접종을 금지한다면? 국가가 현대 의학의 검증된 치료법을 무시하고 일부에서 주장하는 대체요법을 권장하는 정책을 편다면? 한 기업의 최고경영자가 자신의 기업에서 사용하는 화학 물질의 위험성을 간과한다면? 우리는 이미 이런 경험이 있다. 이런 지도자를 가진 국가나 기업이 어떻게 될지는 너무나 뻔하다. 그동안 우리가 과학이 말하는 것에 더 많은 관심을 기울여왔다면, 이미 기후위기에 적절히 대응하고 있을지도 모른다.

개인적으로도 과학에 관심을 두는 것은 여러모로 유익하다. 보통은 별 효과가 없을 뿐 아니라 가끔은 오히려 증세를 악화시키는 대체의학에 빠지지 않을 수 있고, 과학의 탈을 뒤집어쓴 광고 문구에 속아 큰돈을 날리는 불상사도 피할 수 있다. 다행히 요즘은 점점 더 많은 사람이 과학에 관심을 기울이고 있다. 두 시간도 넘게 어려운 과학 개념을 설명하는 유튜브 영상의 조회수가 가뿐히 500만을 넘기도 하고, 김상욱, 이정모, 정재승 같은 과학계의 유명인사가 텔레비전 프로그램에 자주 모습을 드러내기도 한다. '사물궁이', '안될과학', '1분과학', '과학쿠키', '과학드림', '코코보라' 같은 유튜브 채널도 더없이 반갑기만 하다.

과학 지식은 분명히 어렵고 난해한 점이 있다. 하지만 그런 최첨단의 과학 지식만이 과학인 것은 아니다. 과학적 사고를 기반으로 생각하고, 과학적 태도를 살아가는 기준으로 삼는 데는 아주 간단한 과학 지식이면 충분하다.

책 한 권으로 모든 것이 순식간에 바뀌지는 않는다. 과학에 대한 거부감과 두려움이 친숙함과 즐거움으로 바뀌는데 이 책이 조금이라도 도움이 되기를 바란다. 그 정도면 충분하다. 부담 없이 가볍게 즐길 수 있고, 그러면서도 적당한 감성을 담아 SNS에 사진 한 장 찍어 올릴 수 있는 유명 카페의 맛있는 브런치처럼 과학도 얼마든지 우아하고 여유롭게 즐길 수 있다.

오늘의 브런치 메뉴로 '사이언스'는 어떨까? 지금 우리에게 필요한 것은 바로 과학이니까 말이다.

1장

우리가 잘 모르는 과학

'과학적'이라는 말에서 '과학'의 의미

"좋은 말을 들은 식물이 더 잘 자란다."

한번쯤 들어본 적이 있는 말일 것이다. 독자 중 어떤 분은 갑자기 왜 이런 말을 서두에 언급하는지 궁금하실 수도 있고, 또 다른 분은 이 말에서 글쓴이의 의도를 이미 간파하셨으리라. 우선 '과학'에 대해 알아보자.

우리는 평소 '과학'이라는 말을 자주 쓴다. 근거가 있거나 타당하다고 생각될 때 우리는 자기도 모르게 '과학적'이라는 말을 붙인다. '과학'이라는 단어 자체는 어려운 말이다. 과학을 어린아이에게 설명한다고 생각해보자. 음악·미술·운동 같은 것은 설명하기가 비교적 쉽다. 눈으로 보여주거나 소리로 들려주는 직관적인 설명이 가능하기 때문이다. 하지만 과학은 애매하다. 보여줄 수도 없고 들려줄 수도 없다. 뭔가 자질구레한 설명을 덧붙여야 한다. 어린아이에게 허블 우주망원경이 찍은 10억 광년 떨어진 은하의 사진을 보여주면 그 아이들이 과학을 알 수 있을까? 오히려 그 사진을 보면 뭔가 예술작품 같다고 느끼지 않을까?

과학이라는 말의 개념을 받아들이려면 초등학교 3~4학년쯤은 되어야 한다. 감각이나 경험에 따른 것이 아니라 어느 정도의 '사고력'이 필요하기 때문이다. '과학'이라는 과목이 교육과정에 등장하는 시기가 초등학교 3학년인 데는 아마도 같은 이유 때문일 것이다. 과학의 사전적 의미는 '보편적인 진리나 법칙의 발견을 목적으로 한 체계적인 지식'을 말한다. 넓게는 모든 지식을 포괄하기도 하고 좁은 의미로는 자연과학으로 한정 짓기도 한다.

내가 과학이라는 말을 그나마 인지한 것은 초등학교 1학년 때였다. 아버지가 어딘가에서 40권이나 되는 책 꾸러미를 들고 오셨다. 모 출판사에서 나온 과학 학습 만화였다. 요즘도 그런 종류의 과학 학습 만화는 서점에 가면 많이 찾아볼 수 있다. 내가 그 책 40권을 한 권도 빠짐없이 읽는 데는 며칠 걸리지 않았다. 그리고 여러 차례 반복해서 읽었던 기억이 있다. 단언컨대 지금 내 머릿속에 남아 있는 과학 지식의 기초는 모두 그 만화책에서 나온 것이다. 비록 잘못된 개념과 인식을 많이 남겨두었지만. 그 이후 한동안 당연하게도 내 장래희망은 과학자였다. 아버지께서는 내게 줄곧 법조인이 되라고 말씀하셨다. 그 말씀을 생각하면 과학자가 되라고 그 책을 사주시지는 않았을 것이다. 그저 아들이 공부를 잘하는 우등생이 되기를 바라는 마음이셨을 것이다.

각설하고 그 40권의 만화책이 과학과 나의 거리를 아주 가깝게 한 것만은 틀림없는 사실이다.

과학에 대한 대중의 일반적인 인식은 '어렵다'는 것이다. 한동안 이공계 기피 현상이 사회적으로 문제가 된 적도 있다. 시간이 제법 지났지만, 과학과 수학에 대한 학생들의 거부감은 여전하다. 전문적인 연구활동이 아니라 과학을 읽고 즐기는 것도 어려워한다. 일부 '덕후'만 관심을 갖는 분야라는 인식이 깔려 있다. 안타깝지만 사실이 그렇기도 하다. 그래서일까? 많은 사람이 정규 교육과정을 마치고 나면 과학이라는 분야와는 담을 쌓고 살아간다. 과학을 단지 '과학적 사실', '지식으로의 과학'으로만 여기기 때문이다.

하지만 정작 과학에서 눈여겨보아야 할 것은 과학적 사실이 아니다. 과학적 사실을 알아내기 위해 과학자들이 노력하고 서로 논쟁하는 과정에 관심을 두어야 한다. 우리가 흔히 '진리'라고 말하는 것은 인간이 영원히 알지 못할 수도 있다. 우리가 배우는 과학적 사실은 현재 가장 진리에 가깝다고 생각되는 '어떤 것'들이다. 중요한 과학적 발견 하나로 지금까지 모든 과학자가 '맞다'라고 이야기하는 법칙도 몇 년 후에는 모두가 '아니다'라고 말할 수도 있다. 그게 과학이다.

과학자들은 받아들일 줄 아는 사람들이다. 가끔 시간이 필요할 때도 있지만, 과학자 한 사람이 아니라 과학계와 과학자 집단이라는 측면에서 본다면 늘 그래 왔다. 코페르니쿠스가 지동설을 주장한 이래로 브라헤, 케플러, 갈릴레오, 뉴턴에 이르는 과학자들의 노력으로 우주에 대한 인류의 지식이 바뀌는 과정은 과학의 특징을 잘 보여주는 대표적 사례다. 이것이 바로 과학적 태도, 과학적 사고를 통해 이루어지는 지식의 정립과정이다. 과학적 태도와 사고에 대한 자세한 학문적 설명들이 있겠지만 이 책에서는 생략한다.

'과학적'이라는 말은 간단히 표현하면 '의심해보고 논리적으로 생각한다'는 뜻이다. 그리고 '객관적 증거로 뒷받침되는 올바른 생각을 받아들일 줄 안다'는 것이다. 이제 이 글 서두에 꺼낸 말을 다시 살펴보자.

"좋은 말을 들은 식물이 더 잘 자란다."

좋은 말을 들은 식물이 더 잘 자라기 위해서는 일단 몇 가지 전제조건이 성립되어야 한다. 우선 식물이 좋은 말과 나쁜 말을 구분할 줄 알아야 한다. 과연 그럴까? 우리 집 거실에는 원산지가 아메리카인 '몬스테라'라는 식물이 있다. 몬스테라가 한국어를 알아들을까? 아메리카 출신이니 영어로? 아니면 원래 그곳에 살았던 아메리카 원주민의 언어로 들려주어야 할까? 조금만 논리적으로 생각해보면 답이 나온다. 칭찬의 말, 클래식 음악을 들은 식물이 욕설이나 헤비메탈 음악을 들려준 식물보다 더 잘 자랐다는 뉴스가 간혹 화제가 되기도 한다. 하지만 엄밀하게 통제된 환경에서 수행한 실험의 결과일까? 무언가 고려하지 못한 부분은 없었을까?

이렇게 '과학적'이지 않은 말들은 우리 주변에 생각보다 많다. 특히 상품 광고나 제품에 대한 홍보 문구에서 자주 볼 수 있다. 결국 '과학적'으로 생각하지 못하면 피해를 볼 수도 있다는 뜻이다. 한동안 '카제인나트륨은 몸에 해롭다', '방부제가 없는 식품이 더 좋은 것이다' 같은 말들이 진리처럼 여겨진 적이 있었다. 확인을 해봐야 한다. 카제인나트륨은 원래 우유에 들어 있는 성분이다. 방부제가 없는데 유통기간이 길다면 멸균처리를 어떻게 한 것인지 정도는 의심하고 살필 수 있어야 한다.

당연히 모든 사람이 과학자가 될 필요는 없다. 이 책을 통해 전하고자 하는 메시지도 그것은 아니다. 하지만 과학을 이야기하고, 과학을 즐기고, 과학적으로 생각할 필요는 있다. 과학과 조금 '친하게' 지내는 것만으로, 조금만 '과학적'으로 생각하는 것만으로도 우리 삶은 한결 윤택해질 수 있다. 각자 흥미를 느끼는 주제에서 과학을 찾아보자. 영화에도, 책에도, 음악에도, 공연에도, 음식에도 과학은 숨어 있다. 나만의 과학을 찾아보자. 그 녀석이 과학과 친해지는 데 도움을 줄 것이다. 그게 뭐라도 좋다. 마치 나에게 만화책 40권이 있었던 것처럼 말이다.

과학은 시험 과목이 아니야!

우리나라 학생들에게 가장 중요한 문제는 오랫동안 대학 입시였고 지금도 그렇다. 그리고 앞으로도 한동안 그럴 것이다. 초·중·고 12년의 학교생활이 어땠는지는 사람마다 다르게 기억할 것이다. 어떤 사람에게는 마냥 즐거운 기간이었겠지만 누군가에게는 괴로움의 연속이며 절대 돌아가고 싶지 않은 시기일 수도 있다. 그 이유의 절반 이상은 시험 탓이고 성적 탓이며 입시 탓이다.

학교에서 이루어지는 시험과 평가 그리고 학생 선발과정 전체를 부정하는 것은 아니니 오해하지 마시길 바란다. 그런 것들의 필요성을 잘 알고 있지만 이런 이야기를 하는 데는 한 가지 아쉬움이 있기 때문이다.

지나가는 고등학생을 붙잡고 물어보자. '너 과학 좋아하니?' 많은 학생이 아니라고 대답할 것이고, 아주 가끔 그렇다고 대답하는 학생이 있을 것이다. 하지만 대답한 그 친구들 모두는 질문에 포함된 '과학'이라는 단어를 학교 교과목 중 하나로 이해하고 대답한 것이다. 어느 순간부터 '과학'은 학교에서 배우는 교과목의 하나로만 인식되고 있는 것이 아쉽다.

내 경험을 돌이켜보면 초등학생 때까지는 과학이 참 재미있었다. 지금도 과학이 재미있다. 이렇게 쓰고 보니 내가 태어나서 지금까지 쭉 과학을 좋아한 것 같지만, 그렇지는 않다. 한동안 과학이 재미없었다. 과학이 재미없던 시절은 내가 고등학생이었을 때다. 사실 그때는 모든 과목이 다 재미없었다. 그 차이는 생각보다 간단하다. 재미있는 것에서 끝나는 것이 아니라 얼마나 아는지 평가를 받아야 했고, 좋은 점수를 원했기 때문이다. 그것은 곧 부담감으로 작용했다. 시험 과목이었기 때문에 과학 그 자체가 싫어진 것이다.

우리나라 사람들이 가진 평균적인 지식의 양은 세계 최고 수준이다. 그 지식의 대부분은 학창 시절에 머릿속 어딘가에 자리를 잡는다. 주입식 교육과 입시제도의 영향이다. 국민의 지식수준을 한 단계 높이는 데 이바지했다는 점은 분명히 긍정적이다. 하지만 입시가 끝나고 나면 더 알고 싶은 욕구가 연기처럼 사라져버린다는 점에서는 문제다. 한마디로 질려버린 것이다.

이는 과학뿐 아니라 다른 학문 분야에서도 마찬가지다. 대부분 입시가 끝나고 나면 책과 담을 쌓고 산다. 무언가를 읽는다 해도 지금 당장 나에게 도움이 되는 책이나 재미 위주의 책만 찾게 된다. 사람은 살아가면서 끊임없이 무언가를 배운다. 생계를 위해서 배우기도 하고 어쩔 수 없이 배우기도 한다. 하지만 본인이 원해서 배우는 것이야말로 특별하다. 배우는 과정 그 자체에서 행복을 느낄 수 있기 때문이다.

취학 전 아이들이 좋아하는 것 중에는 곤충, 공룡, 자동차 같은 것들이 있다. 텔레비전 프로그램에서는 자동차 후미등만 보고 차종을 알아맞히는 아이, 날개 모양만 가지고 어떤 곤충인지 아는 아이들을 영재라며 치켜세운다. 이 아이들은 자동차나 곤충이 정말 좋아서 스스로 찾아보고 자신만의 지식을 쌓은 것이다. 기뻐하는 부모님의 모습을 보기 위해서라고 하더라도 말이다. 누가 하라고 시키는 것이 아니다. 이 아이들과 비슷한 어른들이 있다. 우리가 흔히 '덕후'라고 부르는 사람들이다.

'덕후'라는 단어는 초기에는 부정적인 이미지로 쓰였지만, 지금은 특정한 분야에서 취미를 넘어 누구보다 전문적인 지식을 가진 사람들을 뜻하는 단어가 되었다. 덕후들은 누가 시켜서 덕후가 된 것이 아니다. 스스로 좋아서, 재미있어서 그 분야를 파고드는 사람들이다. 그리고 이런 사람들이야말로 진짜 전문가다.

과학 덕후가 되어야 한다는 말은 아니다. 다만 학창 시절에 성적과 입시 때문에 특정 분야에 대한 정이 떨어져버리는 현실이 안타깝다는 의미다. 자신을 한번 잘 돌아보자. 자신이 진짜 좋아했던 게 무엇인지, 관심 있는 분야가 어떤 것인지 말이다. 학창 시절의 안 좋은 기억은 털어버리자. 어쩌면 그 기억 때문에 우리가 놓치고 사는 부분이 많을지도 모른다.

인간이 가진 기본적인 욕구 중 하나는 호기심이다. 지적 생명체라면 누구나 가지고 있는 본능이다. 아직 알려진 지적 생명체가 우리뿐이긴 하지만, 호기심은 다른 일반적인 생명체와 지적 생명체를 구분 짓는 가장 결정적인 요소이기도 하다. 호기심을 충족시켜주는 학문이 바로 과학이다.

아인슈타인은 스스로에 대해 '나는 특별한 재능이 있는 것이 아니고, 단지 굉장히 호기심이 많다'라고 평했다. 모르는 게 있다는 건 당연한 일이다. 모르는 것을 접했을 때 궁금증이 생기는 것도 당연하다. 궁금한 것이 생겼다면 한번 찾아보자. 호기심에서 시작된 인간의 노력이 우리의 삶을 바꿔 놓고 있다는 것도 중요한 점이다. 알면 더 풍요로운 삶을 살아갈 수 있다.

아는 것보다 더 중요한 것은 그 앎을 얻는 자세와 태도다. 과학 지식이 의미 있는 이유도 그 지식이 밝혀지고 체계가 잡히기까지 수많은 과학자가 과학적인 자세와 태도를 잃지 않고 끊임없이 노력한 결과이기 때문이다. 또 누군가가 객관적이고 타당한 근거와 논리를 펼치면 자기 의견과 생각을 바꿀 줄 알아야 한다. 세상은 아집과 고집, 무모함만으로 살아가기에는 너무나 위험한 곳이다. 이런 자세를 배우는 가장 좋은 방법이 바로 과학에 대해 생각하는 것이다.

과학은 그저 어렵고 지루한 학교 시험 과목일 뿐이라는 생각은 이제 떨쳐버리자. 혹시 아는가? 그대는 과학을 정말 좋아하는 사람일지도 모른다.

이제부터는 과학을 조금씩 곁들인 가벼운 이야기들을 나눠보려고 한다. 그 안에 들어 있는 과학 지식을 알아가는 것도 좋다. 거기에 더해 아주 작은 것이라도 느껴지는 게 있다면 더 좋다. 그것만으로도 분명히 얻는 게 있을 것이다.

2장

올려다보기

파란 바탕에 흰색 구름,
때로는 노란 바탕에 붉은 구름

보고 있으면 기분이 편해지는 것이 있다. 하얀 구름이 여기저기 수놓아져 있는 파란 하늘이다. 구름은 같은 모양을 다시 보여주지 않는다. 항상 다른 모습을 하고 있다. 어느 때는 심술이 났는지 하늘 전체를 뒤덮으며 존재감을 내보이기도 하고, 또 어느 날은 지평선 쪽에 단지 한두 덩어리만 겨우 모습을 드러내기도 한다. 어느 쪽이든 멋스러움을 간직하고 있다. 변화무쌍한 것은 구름이 노니는 배경인 하늘도 마찬가지다. 보통 푸른 계통의 색이 대부분이지만 태양의 고도에 따라 다른 색으로 물들기도 한다.

생각해보면 요즘은 새파란 배경에 군데군데 하얀색으로 뭉게구름이 떠 있는 하늘을 올려다본 적이 별로 없는 것 같다. 미세먼지 때문에 쨍하게 파란 하늘을 보기 어려워진 것일까? 사실 미세먼지만 탓하기에는 애매한 면이 있다. 20~30년 전을 생각해보면 그때도 상황은 비슷했다. 자동차들이 시커먼 매연을 내뿜고 다녔으니까. 단지 사는 게 바빠 하늘을 올려다볼 여유가 없어진 것이다.

나이 든 이후에 올려다본 하늘 중에서 기억나는 장면이 몇 가지 있기는 하다. 그 모습은 대부분 여행지에서 본 것들이다. 제주도의 하늘, 방콕의 하늘, 홍콩의 하늘, 타이베이의 하늘은 지금도 선명하게 기억이 난다. 내가 가장 좋아하는 것 중 하나가 파란 바탕에 뭉게뭉게 피어난 흰색 구름 몇 덩이가 장식된 하늘인데, 오랫동안 살아온 서울에서는 그런 모습의 하늘을 별로 본 기억이 없다는 점이 씁쓸하다. 서울이라는 도시에서 살아가는 동안 그만큼 마음의 여유가 늘 없었던 듯하다.

모두가 아는 색 중에 '하늘색'이 있다. 하늘색은 파란색보다는 옅은 색이고 흰색보다는 파란색에 가깝다. 어린아이를 붙잡고 가장 좋아하는 색이 무엇이냐고 물어보면 하늘색이라고 대답하는 아이들이 제법 된다. 그 빛깔 자체가 주는 편안함이 있다. 아마 우리 인류가 지구상에 처음 등장한 이래로 가장 오랫동안 보아온 색이기 때문이지 않을까? 어쩌면 우리 DNA에 하늘색을 편안하게 느끼도록 만드는 유전자가 들어 있을지 모를 일이다. 하늘색은 하늘이 보여주는 색 중에 가장 보편적인 색이다. 하늘은 가끔 다른 색을 보여주기도 한다. 해가 뜨거나 질 때가 그렇다. 어떻게 보면 노랗고 어떻게 보면 붉은 하늘. 하지만 하늘이 가끔 보여주는 색을 우리는 하늘색이라고 하지는 않는다. 아마 짧은 지속 시간

화창한 날에나 볼 수 있는 맑고 푸른 하늘.

때문이리라.

하늘은 어떻게 그런 영롱하고 다채로운 색을 보여주는 것일까? 시간에 따라 약간씩 달라지는 하늘의 색은 빛의 산란과 관련이 있다. 태양에서 뻗어 나온 빛은 아침과 저녁에는 두꺼운 공기층을 지나 우리 눈에 다다르지만, 한낮에는 비교적 얇은 공기층만 지나온다. 산란과 관련된 원리에 대해 길게 설명할 수도 있겠지만 빛의 파장과 산란이 어떻고 하는 이야기는 일단 접어두자.

올려다보는 하늘이 단지 푸른빛만으로 이루어져 있다면 그 신비로움이 조금 퇴색되었을지 모른다. 하늘이 진정으로 아름다운 것은 하늘색 바탕 위에 흰빛의 포인트를 더하는 구름이라는 존재 덕분이다. 소나기를 퍼붓는 검은 먹구름 말고 흰빛의 새털구름이나 뭉게구름 말이다. 신기한 모양의 구름이 하늘 한편에 자리 잡고 있으면 하늘은 조금 더 예술 작품에 가까워지기 마련이다. 하트 모양의 구름, 비행기 모양의 구름, 사람 모양의 구름도 있다. 물론 우리의 뇌가 이미 알고 있는 이미지를 덧붙여 만들어낸 것이다. 우울한 기분일 때 올려다본 하늘이 나를 위로해주고, 기쁜 일이 있을 때면 하늘이 같이 기뻐해주는 듯한 느낌은 나만 느끼는 것은 아닐 것이다.

구름은 누구나 알듯 아주 작은 물방울들의 집합체다. 구름은 일반적으로 떠 있는 높이와 모양에 따라서 구분한다. 가장 높은 하늘에 떠 있는 구름을 '상층운', 낮게 떠 있는 구름을 '하층운'이라고 하고, 그 중간 즈음에 떠 있는 구름을 '중층운'이라고 한다. 그리고 떠 있는 높이를 구분할 수 없는, 낮은 하늘에서 높은 하늘까지 세로로 발달한 구름을 '수직운'이라고 따로 분류한다. 상·중·하층운과 수직운은 다시 여러 가지 구름으로 구분되는데, 여기에는 몇 가지 규칙이 있다. 이 정도 규칙은 알아두면 나쁘지 않다. 생각보다 간단하다.

'권'자가 붙은 구름은 상층운이고, '고'자가 붙은 구름은 중층운이다. '층'자가 붙은 구름은 수평으로 퍼져 있는 구름을 뜻하고, '적'자가 붙은 구름은 수직으로 발달한 구름을 뜻한다. 마지막으로 '란(난)'자가 붙은 구름은 비나 폭풍을 동반하는 구름이다. '권층운'이라는 구름은 '권'자가 있으니 상층운이고 '층'자가 있으니 수평으로 넓게 퍼져 있는 구름이다. '적란운'이라는 구름은 '적'자와 '란'자가 붙어 있으니 '수직'으로 발달한 '비'구름을 뜻한다는 사실을 알 수 있다. 적란운은 바로 소나기와 토네이도를 유발하는 구름이다.

재미있는 것은 구름에는 이런 이름 말고 예쁜 우리 이름도 있다는 점이다. 우리 선조들은 구름에 모양을 빗대 여러 가지 이름을 붙였다. 수직으로 발달한 구름인 적운은 '뭉게구름', 또는 '쌘구름'이라고 불렀다. 높은 하늘에 떠 있는 권운은 '새털구름'이라는 이름이 붙어 있는데, 이름대로 누가 봐도 새털 같은 모양을 하고 있다. 고적운은 마치 양떼와 같이 보인다고 해서 '양떼구름' 또는 '높쌘구름'이라고도 한다. 뇌우를 동반하는 가장 무서운 구름인 적란운은 우리말로 '쌘비구름'이라고 한다.

그런가 하면 사람들이 구름을 만들어내기도 한다. 대표적인 것이 '비행운'이다. 하늘을 올려다보고 있다가 뒤쪽으로 길쭉한 구름을 만들어내며 '슈웅' 하고 날아가는 비행기를 본 기억이 있을 것이다. 이것을 보고 비행기가 연기를 내뿜으며 날아간다고 생각하는 사람이 간혹 있지만, 비행운은 구름이다. 구름이 생기는 원리를 비행기 엔진이 속성으로 재현하기 때문에 나타나는 현상이다. 대기가 안정된 날이면

천둥과 번개를 동반하며 거센 비를 뿌리는 적란운은 가장 무서운 구름 중 하나다.

비행기가 지나간 후에도 한참 동안 남아 있는 비행운을 볼 수 있다.

미세먼지가 없는 화창한 날, 아이의 손을 잡고 하늘을 가끔 올려다보면 어떨까? 아이와 함께 막 생겨나는 비행운의 흔적을 좇을 수도 있고, 하늘이 하늘색인 이유와 곳곳에 떠 있는 구름을 친근한 이름으로 알려줄 수도 있다. 군데군데 떠 있는 구름에 아이와 함께 이름을 붙여볼 수도 있다. 저 구름은 돼지 구름, 저 구름은 아이스크림 구름, 이렇게…….

만약 아이가 그 기억을 오래도록 간직한다면, 아까 접어둔 빛의 산란과 파장 같은 것에 관심을 갖고 스스로 알아내려 할지도 모른다. 어쩌면 대기학자나 기상학자는 아니더라도 아름다움을 풀어내고 표현하는 문학가나 예술가의 길을 걷게 될 수도 있지 않을까.

그렇지 않으면 또 어떤가? 엄마, 아빠와 즐겁게 웃고 떠든 기억은 아이의 성장에는 분명히 큰 도움을 줄 것이다.

빛은 다른 빛을 가린다

농촌이나 지방의 작은 도시에 살다가 서울로 옮겨온 사람이라면 한번쯤 느꼈을지 모른다. 서울에서는 밤하늘에 별이 거의 보이지 않는다는 사실을. 밤에 별이 보이지 않는 가장 큰 이유는 대기오염이 아니다. 우리가 만들어내는 '빛' 때문이다. 밤이 점점 밝아지면서 그 빛 때문에 생기는 문제를 '빛 공해' 또는 '광공해'라고 한다.

지구의 역사를 돌아보면, 밤은 항상 캄캄했다. 전구가 발명된 때가 19세기 후반이니 아직 150년이 채 되지 않았다. 도시 전체가 밝아지기 시작한 지는 아마 겨우 반세기 정도 되었을까? 지구의 나이를 46억 년이라고 보면, 46억 년 내

내 어둡다가 조금 전 갑자기 밤이 밝아진 것이라 할 수 있다. 인류는 전기와 전구라는 것으로 활동할 수 있는 시간을 대폭 늘렸다. 해가 없어도 무언가 생산적인 활동을 할 수 있게 된 것이다. 물론 무조건 좋은 것은 아니다. 현대인들이 밤낮 없는 고된 노동에 찌든 삶을 살게 된 원인이기도 하니까.

넘치는 빛은 밤의 낭만을 앗아갔다. 자연이 선물한 가장 낭만적이고 경이로운 풍경 중 하나는 쏟아지는 별빛을 품은 밤하늘이다. 화려한 네온사인 아래서 크게 울리는 음악을 들으며 웃고 마시는 게 낭만이라 여기는 사람들은 동의하지 않을지도 모르겠지만. 어찌 되었거나 화려한 네온사인과 조명 때문에 우리나라의 많은 곳에서 더는 은하수를 볼 수 없다는 것은 명백한 사실이다.

빛공해는 밤하늘을 꼭 봐야 하는 사람들에게도 시련을 안겨주었다. 천문학자들은 인적이 거의 없는 산으로 쫓겨났다. 도시 근처의 천문대는 관측활동을 할 수 없는 시설로 전락했다. 아마추어 천문학자들에게도 마찬가지다. 천체 사진을 찍는 사람들은 그믐달부터 초승달이 뜰 즈음에 주로 촬영한다. 밝은 달빛이 별을 사진기에 담는 데 방해가 되기 때문이다. 달이 그 정도이므로 달보다 훨씬 밝은 불빛이 사방에 있는 서울 도심의 거리에서 별을 보기가 어려운 것은 당연하다. 결국 이제 천체 사진을 찍으려는 사람들은 날짜를 잘 맞춰 빛이 별로 없는 시골의 산속으로 찾아 들어가야 한다. 달

밤에 찍은 서울 시내 사진. 건물에서 뿜어져 나오는 밝은 빛은 상당수의 별빛을 모두 지워버린다.

에 이어 도심도 피해야 하는 것이다.

그런데 우리에게 밤, 그러니까 캄캄한 어둠은 중요한 의미가 있다. 우리는 잠을 잘 때 불을 끄는데, 거기에는 이유가 있다. 밤이 되면 우리 몸에서는 멜라토닌이라는 호르몬이 분비된다. 멜라토닌은 숙면과 관계가 있고, 활성산소를 제거해 암 발생 확률을 낮추는 역할을 한다고 알려져 있다. 그런데 주변이 너무 밝으면 우리 몸의 호르몬 시스템에 문제가 생긴다.

우리뿐만이 아니다. 곤충이나 새들도 빛 때문에 혼란을 느낀다. 식물에게도 밤은 중요하다. 식물들은 낮의 길이에 따라 꽃을 피우는 시기를 조절한다. 밤이 밝아지면 이 리듬이 엉망이 되고 만다. 가끔 시골에 가보면 밤길을 비추는 가로등을 다 꺼놓는 곳이 있다. 가로등이 농작물의 성장에 영향을 미치기 때문이다.

우리나라에는 '인공조명에 의한 빛공해 방지법'이 있다. 이 법은 빛공해를 '인공조명의 부적절한 사용으로 인한 과도한 빛 또는 비추고자 하는 조명영역 밖으로 누출되는 빛이 국민의 건강하고 쾌적한 생활을 방해하거나 환경에 피해를 주는 상태'로 정의하고 있다. 조명기구나 간판을 설치할 때는 이 법과 각 지자체의 조례에 따라야 한다. 하지만 이 법이 유예기간을 거쳐 시행된 2018년 이후로 우리의 밤이 오히려 더 밝아진 것 같은 느낌이 든다. 나만의 착각인지는 모르겠지만.

강원도 횡성에 가면 '천문인마을'이라는 곳이 있다. 횡성군은 이곳을 1999년 우리나라 최초로 '별빛보호지구'로 선포했다. 멸종위기 생물을 보호하듯, 우리 선조들의 역사·문화 유적을 보호하듯, 이제 별빛도 보호해야 할 대상이 된 것이다. 중앙정부나 지방정부 차원에서 실질적인 지원이 잘 이루어지고 있는지는 알지 못하지만, 시간이 흘러도 우리나라 어딘가에는 여전히 쏟아지는 은하수를 볼 수 있는 곳이 남아 있기를 소망한다.

"푸른 하늘 은하수 하얀 쪽배에 계수나무 한 나무~"
"저 별은 나의 별, 저 별은 너의 별, 별빛에 물들은~"

아이들이 즐겨 부르는 동요와 나이가 지긋한 분들이라면 기억할 가요에 등장하는 은하수와 별은 더욱더 보기 힘들어질 것이다. 어쩌면 앞으로도 아이들은 계속해서 저 동요를 부르겠지만, 노랫말에 나오는 은하수나 별빛이 무엇인지는 모를 수도 있겠다는 생각이 든다.

빛이 너무 많아서 생기는 빛공해 문제에 관심을 두는 사람들이 많아진다면 앞으로 계속 은하수를 볼 수 있게 되지 않을까? 정말 '별빛'이 가까운 미래에 멸종하지는 않을까 두렵다.

밤하늘을 가로지르는 선 하나

주로 도시에 사는 현대인들은 밤하늘을 올려다보는 일이 거의 없다. 가끔 올려다봐도 앞서 언급한 대로 주변을 밝게 비추는 인공적인 빛 때문에 하늘은 그냥 검게 보일 뿐이다. 하지만 과거에는 그렇지 않았다. 그때 밤하늘은 신비감의 원천이었다. 시골에서 자란 나는 어렸을 때 집 마당에 돗자리를 펴놓고 가끔 밤하늘을 올려다보곤 했다. 열대야로 잠을 이루지 못하는 밤이었지만 수박을 한 입 베어 물고 가만히 하늘을 보고 있으면 마냥 즐거웠던 기억이 있다. 앵앵거리는 모기만 제외한다면 말이다.

"어! 별똥별이다!"

"어디, 어디? 빨리 소원 빌어야겠다!"

그렇게 한동안 하늘을 올려다보고 있으면 생각보다 자주 별똥별을 볼 수 있었다. 가끔 어떤 녀석들은 하늘의 절반 이상을 가로지르며 한참이나 자신의 흔적을 남기기도 했다. 크고 밝은 녀석이 나타나면 곧바로 눈을 감고 손을 모아 소원을 빌었다. 물론 얼마나 이루어졌느냐고 물으면 대답할 게 별로 없지만.

'별똥별'은 다른 말로 '유성'이라고도 하는데, 지구 밖의 물

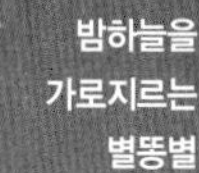

밤하늘을
가로지르는
별똥별

체가 지구의 중력에 이끌려 대기권에 진입하면서 밝은 빛을 내는 천체를 말한다. 보통은 대기권에서 다 타서 없어지는데, 가끔 다 타지 않고 지표면에 떨어지는 경우가 있다. 이렇게 떨어진 암석 또는 금속 덩어리를 운석이라고 한다. 운석은 종류에 따라 가치가 천차만별이다. 별 가치가 없다고 판단된 운석은 1그램에 1달러도 되지 않는 반면, 상상을 초월할 정도로 비싼 녀석들도 있다. 한 예로 2013년에 러시아 체르바쿨 호수에서 건져 올린 운석이 있다. 당시 기사에 따르면 600킬로그램 정도인 이 운석의 가치는 1그램당 2,200달러에 달했는데, 당시 환율로 무려 1조 4,000억 원이 훌쩍 넘었다. 그야말로 '하늘에서 떨어진 초특급 로또'라 할 만하다. 러시아는 2014년 소치 동계올림픽에서 일부 금메달리스트에게 이 운석이 포함된 메달을 수여했다. 이 메달은 운석이 포함된 만큼 높은 가치를 인정받고 있다.

운석은 재질에 따라서 '석질' 운석과 '철질' 운석, 그리고 '석철질' 운석으로 구분한다. 석질 운석은 돌이고, 철질 운석은 금속, 석철질 운석은 그 둘이 섞여 있다고 생각하면 된다. 가장 흔한 것은 석질 운석이다. 전체 운석의 약 94퍼센트가 석질이다. 철질 운석은 5퍼센트, 석철질 운석이 1퍼센트 정도다. 만약 거래가 된다면 일반적으로 형성되는 가격도 석질보다 철질이 조금 더 비싸다.

운석은 과학적으로 매우 중요한 연구 대상이다. 우리 태양계와 생명의 기원을 알려줄 수 있는 비밀을 간직하고 있는 것이 바로 운석이기 때문이다. 지구의 모든 물질은 끊임없이 변하는데, 이는 지층이나 암석도 마찬가지다. 높은 압력을 받아 변하기도 하고, 완전히 녹아 마그마가 되기도 한다. 그리고 풍화작용을 받아 부서졌다가 어딘가에 쌓여 새롭게 퇴적암으로 만들어지기도 한다. 우리가 산을 오르며 볼 수 있는 커다란 바위들은 지구가 태어났을 때부터 그 자리를 지키고 있었을 것 같지만, 실제로는 그렇지 않다. 지구에는 태양계가 만들어진 45억~46억 년 전의 모습을 그대로 간직한 바위나 돌이 없다. 그런데 우주에서 미아처럼 떠돌다 지구에 떨어진 운석은 태양계 초기의 모습을 그대로 간직하고 있다. 이 때문에 운석이 태양계 생성 초기의 모습을 알려줄 수 있는 열쇠로 불리는 것이다.

우리나라도 운석 연구를 열심히 하고 있다. 2006년부터 남극에서 운석을 채집하고 있으며 지금까지 1,000개 이상의 운석 샘플을 확보했다. 남극은 운석이 많이 발견되는 곳이다. 다만 오해하면 안 된다. 운석이 남극에 많이 떨어지기 때문은 아니니까. 빙하로 뒤덮인 남극의 특성상 오랜 세월 동안 떨어진 운석들이 특정 지역에 모이는 신비로운 작용이 일어나고 있는 것뿐이다.

우리나라에서 운석이 발견되는 경우는 굉장히 드물다. 조금만 생각해보면 이유를 바로 알 수 있다. 영국왕립학회 자

남극에서 발견된 운석을 살펴보는 과학자들. 남극은 운석이 더 많이 떨어지는 것은 아니지만, 더 많은 운석을 발견할 수 있는 여건이 갖추어진 곳이다.

료에 따르면 매년 500여 개의 운석이 지구에 떨어진다고 한다. 500그램이 넘는 운석을 기준으로 한 것이다. 그럼 그 500개 중 대한민국에 떨어지는 것은 몇 개나 될까? 우선 지구에 떨어지는 운석 중 약 70퍼센트는 바로 사라진다. 지표면의 약 70퍼센트를 차지하는 것이 바다다. 바다에 가라앉은 운석을 찾는 일은 불가능하다. 대한민국의 국토 면적은 전체 지표면의 약 5,000분의 1에 불과하다. 산술적으로 계산했을 때 500그램이 넘는 운석은 우리나라에 10년에 한 번 정도 떨어진다는 뜻이다. 만약 우리나라에서 운석을 발견했다면 정말 운이 좋은 경우다. 일주일에 열 명씩 나오는 로또 당첨자보다 훨씬 더 희박한 확률을 극복한 것이니까 말이다.

한 가지 알아둬야 할 사실은 우리나라가 국가적으로 운석을 관리하고 있다는 것이다. 국내에서 발견된 운석은 마음대로 해외로 가지고 나갈 수 없다. '우주개발진흥법'에서 규정하고 있는데, 이를 위반하면 처벌한다는 조항도 있다. 혹시라도 운석을 발견한다면 이 점은 꼭 기억해야 한다. 운석이 돈이 된다는 것만 알고 있다가 자칫하면 전과자가 될 수도 있기 때문이다.

기왕이면 우주의 신비를 조금이라도 더 알 수 있도록 연구용으로 기증하는 것을 추천한다. 도저히 순수한 마음에 전체 다 기부하는 것이 꺼려진다면 연구를 위한 샘플 정도는 기증하자. 또 아는가? 그 운석에 태초의 태양계를 알려줄 아주 중요한 단서가 들어 있을지.

한동안 코로나19로 해외여행은 엄두를 내지 못했다. 지금은 조금 나아졌지만, 아직도 코로나 걱정으로 해외여행을 꺼리는 분들이 있다. 해외에 나가는 게 꺼려진다면 대신 한적한 시골에서 밤하늘을 올려다보며 별똥별을 기다려보면 어떨까? 우주가 선물하는 멋진 예술작품 한 편을 감상할 수 있으리라.

비켜! 너 때문에 안 보이잖아!

주말은 누구에게나 즐겁다. 아침 일찍 부산스럽게 출근 준비를 하지 않아도 되고, 그동안 밀린 드라마를 보며 편안함을 만끽할 수 있는 날이기 때문이다. 가족이 있다면 가족과 함께 여유로운 시간을 보낼 수도 있다. 나는 가끔 주말이면 널브러져서 텔레비전 보는 일을 즐긴다. 그런데 텔레비전에 집중하는 걸 방해하는 존재가 있다. 쉴 새 없이 왔다 갔다 움직이는 딸아이다.

요 녀석은 가만히 있지를 못한다. 그런데 하필이면 장소가 텔레비전 앞이다. 특히 드라마의 결정적인 순간, 꼭 봐야 할 장면이 나올 때면 화면을 가린다. 어찌나 타이밍을 잘 맞추는지 모른다. 이럴 때 딸아이는 편안한 텔레비전 시청을 방해하는 존재가 된다. 말을 해도 듣지 않고 무시로 일관한다. 그렇다고 이런 일로 화를 내기에는 속이 좁아 보인다는 게 문제다. 조금 후에 보드게임을 같이 해준다고 하면 갑자기 청력이 좋아진다. 그제야 비켜서곤 한다.

텔레비전은 여러 가지 빛의 조합을 통해 우리에게 영상을 보여준다. 우리 눈은 텔레비전에서 출발한 빛을 인식해 정보로 받아들인다. 그런데 우리가 시각적으로 인식할 수 있는 빛인 가시광선은 단단한 물체는 통과할 수 없다. 텔레비전과 나 사이에 다른 물체가 있으면 안 된다. 그러면 당연히

개기일식. 지구에서 보는 달과 태양의 크기는 놀라울 정도로 비슷하다.

보이지 않는다. 빛은 직진하니까(여기서 빛의 파동성을 이야기하지는 마시라).

낮에 우리가 밝은 환경에서 지낼 수 있는 이유는 하늘에 태양이 떠 있기 때문이다. 반대로 밤이 어두운 까닭은 태양이 서산 너머로 모습을 감추었기 때문이다. 태양은 지구의 모든 생명체가 살아갈 수 있게 해주는 원천이다. 경배해야 마땅하다. 그런데 아주 가끔 그런 태양이 한낮에 자취를 감추는 경우가 있다. 구름이 없는데도 말이다. 우리는 그런 현상을 '일식'이라고 부른다.

일식에 대해서는 많은 사람이 이미 잘 알고 있다. 일식은 건방지기 짝이 없는 '달'이라는 녀석이 태양과 지구 사이에 끼어드는 현상이다. 얼핏 생각하면 달이 한 달에 한 번 지구 주위를 공전하기 때문에 매달 일식이 일어나야 할 것 같은데 그렇지는 않다. 텔레비전과 나 사이에 딸아이가 있지만 '서 있지 않고 바닥에 누워 있으면' 여전히 텔레비전은 잘 보인다. 그런데 딸아이가 '일어서면' 텔레비전 화면이 보이지 않는다. 지구와 태양, 달의 관계도 이와 비슷하다. 달은 한 달에 한 번 태양과 같은 쪽 방향에 반드시 위치하게 되지만 보통 때는 정확히 일직선상에 위치하지 않는다. 마치 딸아이가 '누워 있는 것'과 비슷하다. 일직선상에 위치하는 일은 몇 개월 또는 몇 년에 한 번씩 일어나고, 이것이 바로 일식이다. 마치 텔레비전과 나 사이에 딸아이가 '일어서' 있듯이 말이다.

일식에서 가장 신기한 점은 '어떻게 이토록 절묘하게 태양과 달의 크기가 비슷하지?'라는 것이다. 당연히 태양과 달의 절대적인 크기가 같다는 뜻이 아니다. 거리 차이에 따라 지구에서 바라보는 크기가 서로 비슷하다는 말이다. 이는 태양이 달보다 대략 400배 크고, 400배 먼 거리에 있기 때문이다. 달은 지구와의 거리에 따라 우리 눈에 보이는 크기가 조금씩 달라지는데, 우리 눈에 보이는 태양의 크기와 거의 비슷하다. 이런 이유로 달이 태양을 완전히 가리는 '개기일식'

태양을 바라볼 수 있도록 도와주는 일식 관측용 안경.

도 일어나지만, 달이 정확히 태양의 한가운데 들어가서 마치 태양이 반지처럼 보이는 '금환일식'도 일어난다. 가장 많이 볼 수 있는 일식은 태양의 일부분만 가려지는 '부분일식'이다. 일식이 일어날 때, 개기일식이나 금환일식을 관측할 수 있는 지역은 지표면의 일부 지역으로 한정되고, 더 넓은 지역에서는 부분일식을 관측할 수 있다.

2020년 6월 21일 우리나라에서 부분일식을 볼 수 있었다. 정확히는 서울을 기준으로 15시 53분부터 시작되었고 17시 02분경 태양이 최대로(대략 절반 정도) 가려졌다. 우리나라에서는 2030년 6월 1일에 부분일식을 다시 볼 수 있다. 잘 기억하고 있다가 시간이 된다면 연인이나 아이의 손을 잡고 하늘을 한번 바라보면 어떨까? 좋은 추억 하나 만들 수 있을 것이다. 물론 날씨가 도와줘야겠지만.

일식을 관측한다고 맨눈으로 태양을 올려다보면 안 된다. 한 번 더 강조한다. 절대 금지다. 태양 필터가 필요하다. 예전에는 유리판을 촛불로 지져 그을음을 입힌 다음 그것으로 태양을 보곤 했다. 필름, CD나 DVD 등을 필터 대용으로 사용할 수 있지만 100퍼센트 안전하다고 할 수 없다. 요즘은 인터넷이나 과학 교구점에서 안경 모양으로 생긴 태양 관측용 도구를 쉽게 구할 수 있다. 또 구하는 게 만만치는 않겠지만 용접용 안경도 안전한 관측도구 중 하나다. 안전성을 확실히 담보할 수 없다면 종류를 고려하지 말고 연속으로 태양을 10초, 아니 3초 이상 바라보지 말자. 잠깐잠깐 진행 상황을 보는 것만으로도 충분하다. 아니면 관측행사를 개최하는 근처 천문대나 과학관 등을 알아보고 방문하는 것이 가장 좋은 방법이다.

일식은 어려운 천문 현상이 아니다. 이제 그냥 텔레비전과 나, 그리고 그 사이를 왔다 갔다 하며 귀찮게 하는 누군가를 생각해보자. 별거 아니다.

두 개의 꼬리를 가진 녀석

2020년에 인터넷을 뜨겁게 달군 과학 소식을 하나 꼽아보자면 바로 네오와이즈(니오와이즈) 혜성일 것이다. 긴 꼬리를

미국 샌프란시스코 인근에서 촬영된 네오와이즈 혜성. 실제 이런 혜성을 죽기 전에 한 번이라도 볼 수 있다면 황홀함을 느낄 것 같다.

가진 매우 특별한 모습의 천체를 눈으로 볼 수 있다는 사실이 사람들의 관심을 모았고, 우리는 운이 좋게도 전문 작가들이 찍은 멋들어진 사진을 볼 수 있었다.

화제가 된 네오와이즈 혜성의 정확한 명칭은 'C/2020 F3 NEOWISE'다. 뭔가 복잡한 이름이지만 조금 풀어보면 네오와이즈가 2020년 3월 중순에서 말 사이(2020 F)에 발견한 세 번째(3) 혜성(C)이라는 뜻이다. 네오와이즈는 미 항공우주국 NASA에서 운영하는 인공위성으로 지구를 위협하는 천체를 탐지하는 것이 주 임무다.

네오와이즈 혜성은 지난 7년간 발견된 혜성 중 가장 밝은 것으로 2020년 7월을 전후로 북서쪽 하늘에서 볼 수 있었다. 물론 맨눈으로 보는 것은 쉽지 않았다. 도시에서는 빛공해 때문에 네오와이즈 혜성을 볼 수 없었고, 무엇보다 혜성의 고도가 너무 낮아서 탁 트인 시야를 가진 곳에서나 볼 수 있었다. 가장 밝은 핵 부분은 어찌어찌 찾을 수 있겠지만 사진에서 보이는 긴 꼬리를 직접 눈으로 보는 데는 한계가 있었다.

우리나라에서는 혜성을 '꼬리별' 또는 '객성'이라고 불렀다. 혜성은 태양계의 작은 천체 중 하나로 태양 가까이에 오면 태양의 강력한 열기 때문에 혜성의 핵을 이루는 얼음이나 가스층이 녹아 핵 주위를 감싸고 뒤쪽으로 길게 꼬리를 만드는 것이 특징이다. 꼬리는 태양 때문에 생기므로 항상 태양의 반대쪽으로만 만들어진다는 특징이 있다. 꼬리는 가스 꼬리와 먼지 꼬리가 있다. 가스 꼬리는 에너지를 받아 스스로 빛을 내고, 먼지 꼬리는 태양 빛을 반사해서 빛을 낸다. 하지만 꼬리를 눈으로 선명하게 볼 수 있는 혜성은 별로 없다.

혜성의 고향은 크게 두 곳이다. 하나는 해왕성 바깥쪽에 명왕성을 비롯한 비교적 작은 천체들이 모여 있는 카이퍼 벨트라고 부르는 곳이고, 또 하나는 태양계 전체를 둘러싸고 있는 가상의 천체 집단인 오르트 구름이다. 200년 미만으로 주기가 짧은 혜성의 경우는 카이퍼 벨트에서, 주기가 아

1986년에 촬영된 핼리혜성. 2061년에야 다시 볼 수 있다.

주 길거나 없는 혜성은 오르트 구름에서 온다.

혜성의 핵은 여러 개로 조각나기도 한다. 태양의 열기와 중력을 이기지 못하거나 목성처럼 중력이 강한 행성의 영향을 받는 경우 혜성은 조각나 소멸하기도 한다. 1994년에 목성과 충돌한 슈메이커-레비 9 혜성과 2013년에 금세기 가장 밝은 혜성이 될 것으로 예상되었으나 아쉽게 소멸한 아이손 혜성이 대표적이다.

가장 잘 알려진 혜성은 핼리혜성이다. 핼리혜성의 주기는 75.3년이라고 알려져 있는데, 천문학자인 에드먼드 핼리가 1456년, 1531년, 1607년, 1682년에 나타난 혜성의 궤도가 거의 일치하는 것을 보고 다음 방문을 예측한 혜성이다. 우리 선조들도 핼리혜성에 관한 기록을 남겼다. 조선시대 별의 위치를 기록한 「성변측후단자」에도 1759년에 관측된 핼리혜성에 관한 기록이 남아 있다.

핼리혜성은 지난 1986년에 나타났기 때문에 다시 보려면 2061년이 되어야 한다. 내가 고등학교에 다닐 때는 죽기 전에 볼 수 없겠다고 생각했다. 그때는 여든 살을 넘게 사는 일이 쉬워 보이지 않았기 때문이다. 하지만 의학을 비롯한 과학기술이 날로 발전하고 있는 만큼 볼 수 있지 않을까 내심 기대하고 있다. 만약 내가 죽기 전에 핼리혜성을 목격할 수 있다면, 세기의 과학(천문) 현상을 과학(의학)의 도움으로 목격할 수 있게 되는 것이리라. "2061년? 기다려라!"

망원경으로 보면 이렇게 보인단 말이지!

유명 관광지 중에는 500원짜리 동전을 넣으면 사용할 수 있는 쌍안경이 비치된 곳이 많다. 자세히 살펴보는 것보다 전체적인 풍경을 멀리서 눈에 담는 것을 즐기는 편이라 보통은 쌍안경을 잘 이용하지는 않는다. 굳이 돈을 쓸 필요를 느끼지 못하기 때문이다. 하지만 어쩌다 동전을 넣지 않아도 볼 수 있는 쌍안경이 있으면 한참을 붙잡고 들여다보곤 한다. 그때마다 쌍안경의 성능이 생각보다 너무 좋아서 조금 놀랐던 기억이 있다.

쌍안경은 멀리 있는 풍경을 확대해서 볼 수 있도록 도와주는 유용한 물건이다. 쌍안경이나 망원경 그리고 카메라의 망원렌즈까지 기본적인 원리는 비슷하다. 용도에 따라 조금씩 모양과 기능은 다르지만, 빛을 모으고 확대해서 볼 수 있도록 도와주는 것은 모두 같다. 요즘은 이런 것들이 스마트폰의 뒷면에도 달려 있다.

천문학자들이 우주를 관측할 때 사용하는 천체망원경 역시 마찬가지다. 다만 관측하고자 하는 대상이 아주 멀리 떨어져 있는 만큼 성능이 좋은 망원경을 이용해야 한다. 천문학자들이 활용하는 망원경을 분류하면 크게 광학망원경과 전파망원경 두 종류로 나눌 수 있다. 전파망원경에 대해서는 잠시 접어두고 우선 광학망원경에 관해 살펴보자.

우리가 눈으로 관측할 때 사용하는 망원경을 광학망원경이라고 한다. 더 정확하게 이야기하면 빨주노초파남보, 즉 가시광선 영역의 빛으로 관측하는 망원경이다. 망원경에서 빛을 모으는 역할을 하는 것은 렌즈나 거울이다. 광학망원경 중에서 사람들에게 가장 널리 알려진 망원경은 우주 공

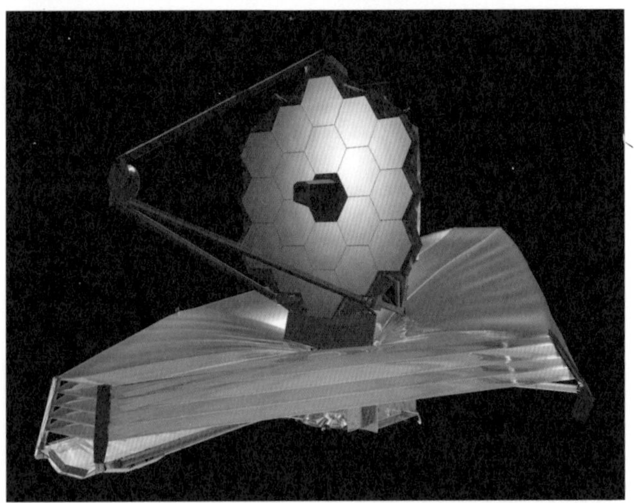

가장 널리 알려진 망원경인 허블 우주망원경(위)과 제임스웹 우주망원경(아래). 허블은 지구 가까이에 있고 웹은 지구에서 상당히 멀리 떨어져 있다.

간에 떠 있는 '허블 우주망원경'이다. 최근에는 '제임스웹 우주망원경'이 허블의 위세를 넘어서고 있다. 우리가 각종 기사나 인터넷에서 접하는 황홀한 은하나 성운, 성단의 사진은 바로 이런 광학망원경을 통해 찍은 것이다.

빛을 많이 모으기 위해서는 망원경이 커야 한다. 망원경에서 렌즈나 거울의 크기가 중요한 이유는 그 면적에 해당하는 만큼의 빛을 모을 수 있기 때문이다. 예컨대 구경이 5센티미터인 망원경과 10센티미터인 망원경이 있다면 모을 수 있는 빛의 양은 면적에 비례하므로 네 배 차이가 난다. 결국 망원경의 성능 중 빛을 모으는 능력인 '집광력'이 네 배 좋다고 말할 수 있다. 그런데 망원경의 크기를 키우는 데는 한계가 있다. 여간 어려운 일이 아니다. 그래서 망원경의 구경이 커지면 렌즈를 쓰는 굴절망원경이든, 거울을 쓰는 반사망원경이든 가격은 상상 이상으로 치솟는다.

우리가 하는 큰 착각 중 하나는 그 망원경에 눈을 대고 우주를 보면 인터넷에서 보는 사진처럼 화려한 모습을 '직접 눈으로' 볼 수 있다고 생각하는 것이다. 실제 천문대를 찾아 메시아 목록에 있는 멋진 성운을 관측해보면 조금은 실망할지 모른다. 일부 가깝거나 밝은 천체를 제외하고는 대부분 사진처럼 근사하게 보이지 않기 때문이다.

그럼 도대체 그 사진은 뭔가 하는 의문이 생길 것이다. 어떻게 촬영한 사진이기에 내가 눈으로 보는 것과 다를까? 답은 간단하다. 렌즈나 거울을 통해 빛을 '오랜 시간 동안' 모아 촬영했기 때문이다. 다시 말해 화려한 천체 사진은 렌즈나 거울을 통해 많은 양의 빛을 받는 것에 더해, 빛을 모으는 시간도 늘려서 찍은 후 컴퓨터를 통해 후보정까지 마친 사진들이다.

오랜 시간 동안 촬영하는 것도 쉬운 일이 아니다. 밤하늘은 끊임없이 움직인다. 지구가 자전하기 때문이다. 태양이 동쪽에서 떠서 서쪽으로 지듯, 별들도 그렇다. 그래서 하나의 천체 사진을 조금 긴 시간 동안 찍기 위해서는 지구가 자전하는 방향과 속도에 맞춰 망원경과 카메라도 똑같이 움직여야 한다. 우리가 인터넷에서 접하는 많은 천체 사진은 이러한 방법을 통해 짧게는 몇 분, 길게는 몇 시간 동안 빛을 모아 촬영하고 이를 보정한 것이다. 망원경에 눈을 대고 보는 모습과 차이가 있을 수밖에 없다.

촬영을 위해 망원경을 설치할 때는 지구의 자전축을 고려해 방향에 맞게 설치해야 하는데, 이를 보통 '극축'을 맞춘다고 표현한다. 또 망원경을 받치는 지지대(가대)에는 기계장치가 숨어 있어서 전기로 움직이는 모터와 톱니바퀴들이 망원경을 지구 자전 속도와 똑같이 움직여준다. 수동도 가능하냐고? 가능할지 모르겠지만 그러지 않는 편이 정신건강에 이롭다.

천체 사진은 하나의 예술작품이다. 촬영하는 사람들의 엄청난 노력과 정성이 들어가 있기 때문이다. 하룻밤을 꼬박 보내더라도 맘에 드는 사진 한 장을 얻기 힘들다. 지나가는 자동차의 헤드라이트 불빛이나 실수로 켠 휴대전화 불빛에 몇 시간 동안 촬영한 사진을 망쳐버리기 십상이다.

성운·성단·은하 같은 천체 사진을 보면 그냥 지나치지 말고 그 사진 뒤에 있을 누군가를 생각해보자. 그 사진 한 장을 얻기 위해 불도 켜지 못하고 밤새 모기에 시달리거나 추위에 떨면서 외롭게 서 있었을 작가의 노력을 봐야 한다. 어쩌면 우주라는 존재가 그만큼 자신의 비밀을 쉽게 드러내지 않는 것일 수도 있다.

세계에서 가장 큰 망원경은?

나는 2001년부터 2003년까지 강원도 최전방에서 국방의 의무를 이행했다. 군 생활 중 절반 이상을 독립 소대(30명 내외의 1개 소대가 멀리 떨어진 막사에서 단독으로 생활하며 임무를 수행하는 부대)에서 근무했다. 그곳은 큰 운동장도 PX도 없었고, 심지어 외출과 외박도 금지였다. 부대원들에게 허락된 유일한 오락거리는 독서와 텔레비전뿐이었다.

지금이야 사병들이 대부분 휴대전화를 들고 있어서 다르겠지만 그 시절 군대에서 주말 저녁은 음악 프로그램을 보는 시간이었다. 지금 생각해보면 어이가 없지만, 근무 중이거나 작전을 나간 소대원을 빼고 모두 모여서 무서울 정도로 텔레비전에 집중했다. 포장된 도로까지 가려면 몇 시간을 걸어야 하는 격오지였지만, 위성방송이 있었기에 가능한 일이었다. 위성방송은 가끔 신호에 문제가 생기고는 했다. 특히 비가 쏟아지는 날에는 화면이 잘 잡히지 않는 경우가 많아진다.

텔레비전 화면이 '지지직'거리기 시작하면 누군가 소리를 친다. "야, 막내!" 그러면 판초우의(판초의, 군인들이 입는 비옷)를 들고 내무실 한쪽 끝에 각을 잡고 앉아서 곁눈질로 텔레비전을 보던 이등병 막내들이 밖으로 뛰어나간다. 나도 이등병 시절에 빗속에서 위성방송 안테나를 부여잡고 고생을 한 기억이 있다. 지금도 위성방송 안테나를 보면 떠오르는 추억이다. 접시처럼 생긴 그 안테나를 보면 군인이던 시절의 어이없는 기억과 함께 한 가지 더 떠오르는 것이 있다. 바로 전파망원경이다.

전파망원경은 광학망원경과는 다르다. 이름처럼 전파를 이용해 관측활동을 하는 천체망원경이다. 우주의 천체들은 눈에 보이는 가시광선뿐 아니라 다양한 파장의 전파도 발산한다. 전파망원경은 이 전파를 수집하는 장치다. 정교한 렌즈나 거울이 필요한 광학망원경과 달리 전파는 접시 모양의 구조물만으로도 충분히 모을 수 있다. 전파의 파장이 가시광선보다 훨씬 길어서 접시 표면이 매끄럽지 않아도 전파를 모으는 데는 지장이 없기 때문이다. 또 파장이 긴 전파를 수신하기 위해서는 필연적으로 접시가 커야 한다.

이 때문에 전파망원경은 광학망원경과 비교해서 훨씬 더 큰 사이즈를 자랑한다. 2020년 초 정식 가동을 시작한 중국의 '톈옌天眼' 전파망원경은 단일 규모로는 세계에서 가장 큰 전파망원경으로 접시의 지름이 무려 500미터에 이른다. 아이러니하지만 중국에서 톈옌 가동을 시작한 해에 305미터의 구경을 자랑하며 한때 세계 최대 크기를 자랑하던 푸에르토리코의 '아레시보' 전파망원경은 심각한 손상을 입어 더는 기능을 할 수 없게 되었다.

이것보다 더 큰 전파망원경도 있을까? 있다. 이 망원경의 크기는 무려 지구 크기와 비슷하다. 무슨 뚱딴지같은 소리냐고? 당연하게도 실제 망원경 모양의 구조물이 있는 것은 아니다. 멀리 떨어진 여러 대의 전파망원경을 서로 연결해 가상의 큰 전파망원경을 만드는 방법이다. 간섭계라는 방식인데, 그런 게 있다는 것 정도는 알아두자.

2019년에는 EHT(Event Horizon Telescope, 사건의 지평선 망원경) 프로젝트를 통해서 빛의 속도로 약 5,500만 년 가야 도달할 수 있는 M87 은하의 초대질량 블랙홀을 촬영한 이미지가 공개된 적이 있다. 과학기술의 쾌거로 언론의 지대한 관심을 받았다. 이 블랙홀을 촬영하는 데는 미국(하와이, 애

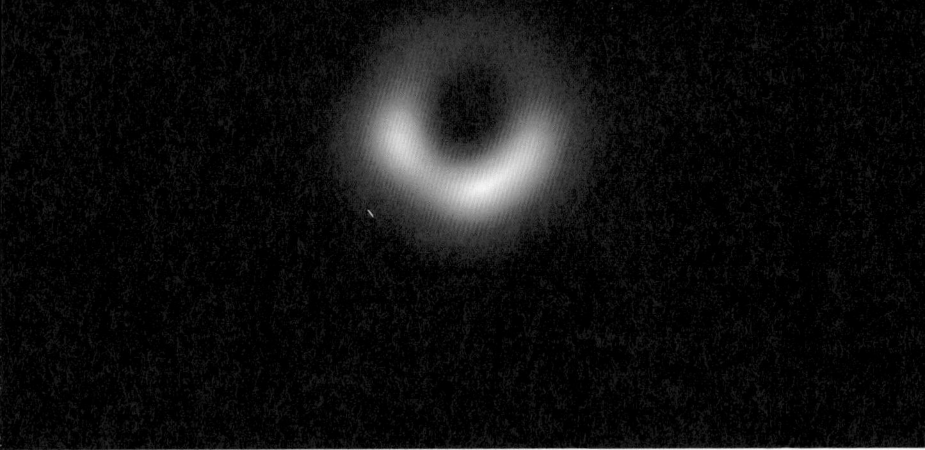

EHT 프로젝트를 통해 시각화한 M87 블랙홀의 모습(출처: 유럽남방천문대ESO).

리조나), 칠레, 스페인, 남극, 멕시코의 여덟 개 전파망원경을 하나로 묶어서 만들어진 지구 크기의 가상의 전파망원경이 활용되었다.

이와 같은 원리를 이용하면 더 큰 망원경도 만들 수 있다. 만약 우주에 전파망원경을 쏘아 올리거나 달에 전파망원경을 건설하고 지구의 전파망원경과 서로 연결하면 달과 지구의 거리인 직경 38만 킬로미터짜리 가상의 전파망원경을 만드는 것도 가능해진다. 다만 그렇게 되기까지 해결해야 할 과제가 많다. 우주에 전파망원경을 건설하는 문제부터 수집된 엄청난 용량의 데이터를 전달하고 분석하는 것도 해결해야 한다. 하지만 우주의 신비와 실체를 알기 위한 과학자들의 노력은 앞으로도 계속될 것이다.

참고로 우리나라도 연세대, 울산대, 제주 탐라대에 설치된 세 대의 전파망원경으로 KVN(Korean VLBI Network, 한국우주전파관측망)을 구성해서 운영하고 있다. 이 관측망도 EHT와 같은 원리로 가동되고 있으며 남한 전체 면적에 해당하는 직경 500킬로미터의 전파망원경과 동일한 성능을 보인다. 또 앞서 언급한 EHT 프로젝트에는 우리나라의 연구자들도 참여하고 있다.

머지않아 우리나라에서도 EHT의 블랙홀 관측 사진 못지않은 성과가 나오리라 기대한다. 인간의 호기심은 넘치지만, 우주에 대해서는 아직 아는 것보다 모르는 것이 더 많다.

우주로 가면 얻을 수 있는 이점

대학에 입학하면서 한동안 기숙사에 살았다. 방에는 늘 만화책이 쌓여 있었다. 요즘은 다들 스마트폰이나 태블릿 PC로 웹툰을 보지만 그때는 그렇지 않았다. 만화책 읽기는 룸메이트의 취미였는데, 그 친구는 기숙사 인근 만화방에서 만화나 소설을 한 '질'씩 빌려다 놓곤 했다. 몇몇 작품은 정말 재미있게 본 기억이 있다. 비록 학기 말에 낮은 학점을 받았지만 손해 본 기분은 아니었다. 그때 본 만화책 중에 일본

작가 '마후네 카즈오'가 그린 『슈퍼닥터 K』라는 작품이 있었다. 그 만화의 한 에피소드는 주인공인 근육질 의사 K가 우주에서 수술을 하는 장면이 나온다.

만화에서는 엄청난 예산이 들어가는 우주왕복선을 국가가 적극적으로 나서서 지원해주는 것과 같이 현실과 동떨어진 부분이 분명히 있다. 물론 만화는 만화일 뿐 오해하지는 않는다. 하지만 우리가 우주에서 얻을 수 있는 이점을 설명해주는 그 수술 장면 하나는 충분히 눈여겨볼 만한 것이었다. 중력의 힘이 상쇄되는 환경이라면 지구 위에서는 불가능한 일을 가능하게 만들어줄 수 있는 것은 틀림없는 사실이니까.

우리가 일반적으로 쓰는 '무중력'이라는 말은 엄밀하게 따지면 잘못된 표현이다. 중력은 지구처럼 질량을 가진 물체가 있다면 당연히 존재하는 힘이다. 국제우주정거장ISS (International Space Station)의 우주인이 공중에 떠 있는 이유는 중력이 없는 상태이기 때문이 아니라 중력을 비롯한 여러 가지 힘이 서로 상쇄되는 평형 상태이기 때문이다. 따라서 '무중량' 상태라고 표현하는 것이 더 정확하다는 의견도 있다. 하지만 우리는 무중량보다 무중력이라는 단어가 익숙하니, 이 책에서는 무중력이라고 그대로 쓴다.

우주 공장이라는 개념이 있다. 우주 공간의 무중력 상태에서 생산 공정을 돌리게 되면 얻을 수 있는 몇 가지 이점이 있

1984년 최초로 끈(안전선) 없이 우주를 유영하는 모습을 담은 사진.

는데, 이를 구체화한 개념이다. 우리가 사는 지구의 표면은 중력의 영향을 받는다. 이 때문에 여러 가지 재료를 처리할 때, 균일하게 혼합하는 것은 몹시 어려운 일이다. 반면 무중력 상태에서는 재료들의 비중이 다르다 하더라도 균일하게 혼합할 수 있다. 또 재료를 가열할 때 지구에서는 반드시 가열 용기가 필요하지만, 우주에서는 용기 없이 가열할 수 있어 재료에 불순물이 포함될 확률이 낮아진다. 구슬 같은 구형 물체를 만드는 것도 고온의 액체 상태인 재료를 공중에

나사가 소개한 우주 제조 상상도. 우주에서 필요한 구조물을 직접 우주에서 생산하는 개념이다. 지구의 필요한 제품을 우주에서 생산하는 것까지는 아직 갈 길이 멀다(출처: 나사/Made in Space).

띄우고 식히면 된다. 표면장력의 영향으로 자연스럽게 구 모양을 형성하기 때문에 적은 에너지로 더 완벽한 구 모양의 부품을 만들 수 있다. 대기가 없어서 태양에너지를 더욱 효과적으로 이용할 수 있다는 장점도 있다.

지금까지 우주에 다녀온 사람은 다 합쳐도 아마 1,000명도 되지 않을 것이다. 하지만 가까운 시기에 그 수가 기하급수적으로 늘어날 것으로 보인다. 현재 몇몇 우주 기업에서 우주 관광 상품을 개발 중이고, 몇 년 내로 일반인의 우주 관광이 현실화될 것으로 기대되기 때문이다. 아주 잠깐 무중력을 경험하는 수준에 지나지 않는다 해도 기꺼이 거액을 들여 지구 밖으로 나가보기를 원하는 사람들이 제법 있지 않을까. 물론 우주 관광이 보편화되더라도 우주 공장이 나 우주에서의 자원 채취 같은 일이 실현되기까지는 더 많은 시간이 필요할 것이다. 그런데도 세계 여러 나라와 기업들이 우주 개발에 뛰어드는 데는 그만한 이유가 있다.

지구의 자원이 고갈되면 지구 밖의 자원을 찾을 수밖에 없다. 그때가 되면 우주로 나갈 수 있는 능력이 있느냐 없느냐가 국가의 존폐를 결정할 중요한 문제가 될 것이다. 만약 지구가 아니라 우주에서 자원을 찾고 물건을 생산하는 게 훨씬 더 경제적인 시기가 온다면 우주로 갈 수 없는 나라는 경쟁에서 살아남을 수 없다.

지구가 아닌 다른 천체에서 인류가 자원을 얻고자 한다면 그 첫 번째 목표는 달이 될 것이다. 특별한 이유는 없다. 지구에서 가장 가깝기 때문이다. 달 다음은 화성과 태양계의 소행성이 목표가 될 것이다. 달에는 핵융합 발전에 활용할 수 있는 '헬륨-3'가 110만 톤 이상 매장되어 있다고 한다. 달에서는 '헬륨-3' 말고도 우리 인류에게 필요한 자원을 얻을 수 있을 것이다. 핵융합 발전 기술이 언제쯤 상용화되느냐가 관건이다.

우리나라도 우주 개발에 적극적으로 나서고 있다. 인공위성은 이미 세계 최고 수준의 기술력을 갖추고 있고, '과학로켓', '나로호', '누리호'로 이어지는 한국형 발사체 개발도 꾸준히 성과를 내고 있다. 누리호는 3차 발사에 성공했다. 달

탐사선 '다누리호'도 성공적으로 발사되었고, 달 궤도에 안착했다. 우주 개발은 당장 먹고사는 문제는 아니다. 하지만 국가의 미래를 좌우할 수 있는 분야이기 때문에 우리나라뿐 아니라 세계 여러 나라가 꾸준히 투자하는 것이다.

우주 개발은 단기간에 뛰어난 성과를 만들기가 쉽지 않다. 우주 개발에 가장 앞서 있는 미국 나사에서도 많은 프로젝트가 몇 년, 길게는 10년 이상 지연되기도 한다. 우리나라에서 그런 일이 일어난다면, 과학자들은 왜 계획대로 하지 못하느냐, 왜 성과가 없느냐고 질책당할 것이 틀림없다. 하지만 질책보다는 우리나라 과학자와 공학자들을 믿고 인내해야 한다. 그냥 믿기만 하면 안 된다. 이들은 우주 개발이라는 전쟁터에서 고군분투하고 있는 것이나 다름없다. 전쟁터에 나간 사람들을 나 몰라라 한다면 그 나라는 희망이 없다. 지금보다 더 전폭적으로 지원해줘야 한다.

우주 개발의 목적이 과거에는 우주와 지구가 어떻게 탄생했는지에 대한 인류의 궁금증을 해결하기 위한 것이었다면, 이제는 '생존' 그 자체가 될 것이다. 그리고 그 시기는 의외로 빨리 다가올 수 있다. 그것이 우리나라도 인내심을 갖고 지속적으로 우주 개발에 투자해야 하는 이유다.

우선 많은 것을 연구하고 알아두어야 한다. 그러다 보면 어딘가에 크게 쓰일 만한 것이 튀어나온다. 그게 과학이다. '무용지대용無用之大用'이라는 말도 있지 않은가?

우리나라의 인공위성

우리나라 최초의 인공위성은 우리별 1호다. 1992년 8월 11일에 발사되었으니 우주로 나간 지 30년이 넘었다. 구소련이 인류 최초의 인공위성인 '스푸트니크 1호'를 발사한 것이 1957년이었으니 35년이나 늦게 시작한 셈이다. 그럼에도 우리나라는 우리별 1호를 통해 전 세계에서 스물두 번째로 위성을 보유한 국가가 되었다.

사실 우리별 1호는 우리 국적의 인공위성이지만 개발과 부품 생산을 영국이 담당해 엄밀히 말하면 '국산' 인공위성은 아니었다. 우리별 2호부터는 국내 연구진이 모든 개발 과정을 수행했다. 진정한 대한민국 인공위성이라 할 만하다. 그 이후 우리나라는 꾸준히 위성 기술을 발전시켜왔다. 2015년 발사된 아리랑 3A 위성에 탑재된 카메라의 해상도는 55센티미터급으로 세계 5위권이었고, 2018년과 2020년 발사된 천리안 2A, 2B 위성의 기술력은 세계 최고 수준이다. 비록 첫발은 35년 늦게 뗐지만 거의 30년 만에 선진국과의 기술 격차를 다 따라잡은 것이다.

우리나라에서 쏘아 올리는 인공위성의 이름은 아직 몇 가지밖에 없다. '과학기술', '무궁화', '아리랑', '천리안' 위성인데 이름에 따라 목적과 용도가 다르다. 외울 필요는 없겠지만 간략히 설명하면 다음과 같다.

한국 최초의 위성인 우리별 1호. 최근 우리나라에서 만들고 쏘아 올리는 위성과 비교해보면 격차가 느껴지지만, 한국의 인공위성 역사에서 중요한 위치에 있다(출처: 카이스트 인공위성연구소).

- 과학기술 위성: 우주와 지구 관측, 국산 기술 시험 검증용 위성
- 무궁화 위성: 방송통신 위성, 상업용 위성
- 아리랑 위성: 지구 관측 위성, 다목적 실용 위성
- 천리안 위성: 기상·우주·해양·대기 관측 위성
- 기타: 군사용 위성(아나시스) 등

이 중에서 무궁화와 천리안 위성은 늘 우리나라를 내려다볼 수 있는 곳에 자리 잡은 정지궤도 위성이다. 무궁화 위성은 정확하게는 우리나라를 정면이 아닌 측면에서 내려다볼 수 있는 위치에 있고, 천리안 위성들은 우리나라 하늘 위쪽에 떠 있다. 정지궤도 위성은 무한정 띄울 수가 없고 한정된 수량만 올릴 수 있다. 한마디로 좌석 수가 정해져 있는 극장과 같다. 티켓 전쟁이 끝나면 들어갈 수 없다. 취소표가 나와야 시도라도 할 수 있다. 더 자세히 알고 싶다면 '정지궤도'를 검색해보기를 권한다.

위성 기술에 비해서 조금 아쉬웠던 우리나라 발사체 기술도 조만간 꽃을 피울 것으로 기대된다. 2018년에 누리호 시험 발사체를 통해 75톤급 엔진의 성능을 확인했고, 이 엔진 네 개를 묶은 진짜 '누리호' 발사가 두 번의 도전 끝에 2022년 6월 성공을 거두었다. 이로써 한국은 미국, 러시아, 중국, 일본, 유럽, 인도의 뒤를 이어 1톤 이상의 위성을 궤도에 올릴

수 있는 일곱 번째 국가가 되었다. 2023년 5월에는 실제 위성을 궤도에 올려놓는 누리호 3차 발사도 성공적으로 마쳤다. 이제 대한민국은 우리 땅에서 우리 발사체로 우리 인공위성을 우주로 쏘아 올릴 수 있는 나라가 되었다. 더 나아가 정지궤도에 대형 위성을 올릴 수 있고 '다음 단계의 발사체'를 개발할 수 있는 역량을 갖출 수 있을 것으로 기대된다.

우주 개발의 선두에 있는 나라는 미국과 러시아이며 유럽도 빼놓을 수 없다. 중국 또한 우주 개발에 적극 나서며 '우주굴기'를 본격화하고 있다. 몇 해 전에는 아랍에미리트UAE와 중국이 연이어 화성 탐사선을 발사했다. 글로벌 경쟁이 더욱 가속화되는 것이다. 특히 UAE의 등장은 세계 각국이 우주 개발을 어떻게 보고 있는지를 여실히 보여주는 좋은 예다. 이런 상황에서 경쟁에 뒤처지지 않는 것만으로도 다행이라 할 수 있다.

우리나라도 어떤 측면에서는 이미 우주 개발 강국의 반열에 올랐다. 2020년에는 부산시가 지방자치단체로는 처음으로 해양 정보 수집용 나노급 인공위성 개발에 착수한다고 발표했다. 우리나라에서도 민간과 지방정부가 우주 개발에 참여하기 시작한 것이다. 30년 전 처음으로 작은 위성 하나를 갖게 된 나라로서는 장족의 발전이 아닐 수 없다. 민간의 참여가 점차 활발해지면 무궁화, 아리랑, 천리안이라는 이름만으로 우리나라의 인공위성을 모두 설명하지 못하는 시기

정지궤도에서 우리나라 주변의 환경과 바다를 감시하는 임무를 수행하는 인공위성 '천리안 2B호'(출처: 한국항공우주연구원).

가 금방 올 것이다.

우리가 우주 개발에 나서야 하는 이유에 대해서는 앞에서 살펴보았다. 앞으로 다가올 미래에 대비하기 위해서라도 더 많은 관심과 격려가 필요하다.

어차피 인간이 가진 최고의 무기는 인간 그 자체다. 우리나라 인재들의 수준이 세계 그 어느 나라보다 뛰어나다는 것은 익히 알려진 사실이다. 우리나라가 가진 가장 큰 장점인 '인재', 그들이 자신의 역할을 잘 해낼 수 있도록 계속 관심을 갖고 지켜보는 것은 언제나 필요하고 중요한 일이다.

스페이스X, 별거 아니라고?

이번에는 미국의 민간 우주 기업 이야기를 하려고 한다. 2020년 5월 31일 미국의 민간 우주 기업 '스페이스X'의 유인 우주선 '크루드래곤'이 국제우주정거장과 도킹하는 데 성공했다. 굳이 지난 이야기를 꺼낼 필요가 있을까 싶지만, 이 이벤트는 여러 가지 중요한 의미가 있기 때문에 간략하게 다뤄보려고 한다.

스페이스X는 현재 가장 앞서 있는 민간 우주 기업이다. 영화 〈아이언맨〉의 실제 모델로 언론에 자주 등장하는 '일론 머스크'가 이끌고 있어 더욱 유명한 기업이다. 스페이스X라는 회사와 유인 우주선 '크루드래곤', 발사체인 '팰콘9', '팰콘 헤비' 등은 이미 많은 정보가 인터넷에 있으므로 자세한 설명은 하지 않겠다. 다만 스페이스X라는 회사가 갖는 의미는 조금 생각해볼 필요가 있다.

우주 개발은 천문학적인 예산이 투입되어야 하는 사업이다. 지금까지는 대부분의 우주 개발 사업이 국가가 주도하는 프로젝트를 통해 이루어져 왔다. 냉전시대에는 미국과 소련이 치열하게 경쟁하는 분야였고, 어지간한 나라의 1년 예산을 모두 투입해도 모자라는 분야다. 수지타산을 고려해야 하는 민간 기업이 우주를 사업 아이템으로 삼고 성공적으로 안착했다는 것은 여러 가지를 시사한다. 이제 우주가

미국의 민간 우주 기업 스페이스X의 2단 우주 발사체 팰컨9. 이미 180회 이상 발사되었으며 우리에게는 1단 추진체 회수 장면으로 잘 알려져 있다.

돈이 된다는 이야기다. 결국 우주로 나아가는 비용은 계속 낮아질 것이고, 더 많은 기업이 우주 사업에 뛰어들 것이다. 물론 먼저 기술이 갖춰져야 가능한 일이지만.

크루드래곤이 ISS와 도킹하는 장면을 영상으로 본 사람이 많을 것이다. ISS에서 촬영한 영상을 보면 지루하다. 아주 천천히 크루드래곤이 도킹을 위해 ISS로 다가온다. 박진감이라고는 찾아보려 해도 찾아볼 수 없다. 인류 최초의 민간 유인 우주선의 도킹치고는 조금 싱거워 보인다. 하지만 도킹이라는 게 원래 그렇다. 그렇다고 절대 쉬운 것은 아니다. 크루드래곤의 도킹 장면보다 우주 발사체인 '팰컨9'의 1단 추진체 회수 장면이 훨씬 드라마틱하다. 자유낙하를 하다가 속도를 줄이고 미세하게 위치를 조정해가면서 엔진을 재점화한다. 그런 다음 서서히 망망대해의 바지선 위에 안착한다. 그 모습을 보고 있노라면 저절로 '가슴이 웅장해진다.'

기술적으로 도킹과 로켓 회수 중 무엇이 더 어려운지는 명확히 알지 못하지만, 분명한 사실은 도킹이 결코 쉬운 기술은 아니라는 것이다. 크루드래곤의 도킹 장면은 그 이면을 살펴봐야 한다. 만약 도킹을 위해 ISS로 다가가는 크루드래곤의 뒤쪽에 지구의 모습이 걸려 있었다면 어땠을까? 아마 조금은 더 드라마틱한 장면으로 보였을 것이다. 물론 우주에서의 촬영에 적절한 연출을 가미한다는 것은 쉬운 일은 아니다.

ISS는 지표면에서 약 410킬로미터 높이의 우주에 떠 있다. 지구의 중력을 이겨내면서 추락하지 않고 궤도를 유지하기 위해 빠른 속도로 지구 주위를 돌고 있다. ISS의 속도는 시속 2만 7,000킬로미터에 이른다. 이를 초속으로 환산하면 1초에 약 7.5킬로미터를 이동하는 꼴이다. 서울에서 제주도까지 직선거리가 약 450킬로미터 정도 되는데, ISS의 속도로는 1분이면 이동할 수 있다. 발사된 총알의 속도가 보통 초속 1,000미터를 넘지 못한다는 사실을 생각하면 총알보다도 최소 7~8배, 최대 10배 이상 빠른 속도인 셈이다.

그렇다면 ISS 바로 옆에 와서 도킹을 시도하는 크루드래곤은 어때야 할까? 당연히 같은 방향, 같은 속도로 움직이고 있어야 한다. 그렇게 움직이면서 아주 서서히 ISS로 다가가서 마침내 한 덩어리가 되어야 한다. 도킹 영상은 단조롭고 지루하다. ISS와 크루드래곤의 상대속도 차이를 느낄 수 없기 때문이다. 하지만 그 이면을 들여다보면 전혀 지루하지 않다. 지구에서 보면 ISS와 크루드래곤 둘 다 초속 7.5킬로미터의 속도로 날아가고 있다. 사실 스페이스X의 유튜브 채널에는 빠르게 움직이는 지구를 배경으로 도킹하는 크루드래곤과 ISS의 영상이 있다. 생각만큼 박진감이 넘치지는 않지만 두 구조물이 얼마나 빠른 속도로 움직이고 있는지는 확인할 수 있다.

어린 시절 담벼락 아래 깡통을 일렬로 세워놓고 어딘가에서 주워온 찢어진 테니스공을 던져 맞히는 놀이를 한 적이 있다. 여러 번 던졌지만 나는 하나도 맞히지 못했다. 결국에는 발로 차서 깡통을 쓰러뜨렸다. 거리가 10미터 정도 되었을까? 움직이지도 않는 표적을 맞히는 것도 어려웠다. 하물며 엄청나게 빠른 속도로 움직이는 물체를 따라가서 거의 같은 속도로 엉덩이에 착 달라붙어 한 덩어리가 되게 하기는 보통 어려운 문제가 아니다. 아무리 컴퓨터와 기계 장치의 도움을 받는다고 하더라도 말이다.

스페이스X는 이제 세계 최고 수준의 우주 기술을 가진 회

사라 불릴 만하다. 앞서 잠깐 언급했던 로켓 회수와 재활용 기술은 독보적이다. 스타링크라는 이름으로 인공위성을 활용한 인터넷 서비스도 하고 있다. 예정이 아니다. 이미 상용화에 들어갔다. 세계적인 규모의 변화를 몰고 오는 것도 가능해 보인다. 우리에겐 '삼성'이 있다고 안심할 일이 아니다.

당장 그럴 일은 없겠지만, 어쩌면 스페이스X는 공상과학 소설이나 영화에 종종 등장하는 초거대 기업, 국가를 뛰어넘는 권력을 가진 강력한 기업으로 성장할 수도 있을 것이다. 비약이라고? 나도 그러길 바란다. 하지만 알면 달리 보인다. 특히 그것이 우주와 관련이 있다면 더더욱 그렇다.

창백한 푸른 점

누군가 나에게 과학과 관련된 사진 중에 가장 좋아하는 게 뭐냐고 물으면 주저 없이 답하는 사진이 한 장 있다. 바로 '창백한 푸른 점Pale Blue Dot'이다. 창백한 푸른 점은 천문학을 철학으로 승화시켜 우주의 거대함과 인간의 미약함을 동시에 느끼게 만드는 사진이기 때문이다.

오른쪽의 사진은 1990년 2월 14일 미국의 태양계 탐사선 보이저 1호가 촬영한 이미지를 나사에서 리마스터링을 거쳐 2020년에 공개한 것이다. 어두운 배경에 세로로 길게 나

미국 나사에서 촬영 30주년을 기념하여 공개한 리마스터링 버전의 '창백한 푸른 점' 사진. 희미한 빛줄기 위의 보일 듯 말 듯한 푸른 점이 바로 지구다.

있는 희미한 빛줄기(세로로 나타난 빛줄기는 카메라에 태양 빛이 반사되며 생긴 우연한 효과다) 위에 찍힌 작디작은 푸른색 점이 바로 우리가 사는 지구다. 사진 촬영 당시 보이저 1호는 지구에서 약 61억 킬로미터 떨어져 있었다. 원래 사진에는 태양과 함께 지구를 포함한 태양계의 여섯 행성이 찍혀 있는데, 그중 지구 부분만 잘라낸 사진이다.

사진에 대한 자세한 설명과 내가 이 사진을 좋아하는 이유는 자세히 서술하지 않으려 한다. 다만 위대한 천문학자이자 작가이며 과학 커뮤니케이터인 '칼 세이건'의 글을 소개하는 것으로 갈음한다. 참고로 칼 세이건은 보이저 프로젝트에 참여했고 이 사진을 촬영하자고 제안한 사람이다. 그는 사진 촬영 자체가 과학적으로 큰 의미가 있는 것은 아니지만, 우주에서 지구와 인류의 위치를 바라볼 수 있는 좋은 기회가 될 것이라 생각했다고 한다. 그리고 그의 의도는 정확히 들어맞았다. 적어도 내가 생각하기에는 그렇다.

이어지는 내용은 칼 세이건이 사진과 같은 제목의 저서 『창백한 푸른 점』(현정준 옮김, 2001, 사이언스북스)에서 사진을 보고 남긴 소감이다.

> 멀리 떨어진 조망대에서 본다면 지구는 아무런 관심도 끌지 못할지도 모른다.
>
> 그러나 우리에게는 사정이 다르다. 다시 이 빛나는 점을 보

라. 아는 사람, 소문으로 들었던 사람, 그 모든 사람은 그 위에 있거나 또는 있었던 것이다. 우리의 기쁨과 슬픔, 숭상되는 수천의 종교, 이데올로기, 경제이론, 사냥꾼과 약탈자, 영웅과 겁쟁이, 문명의 창조자와 파괴자, 왕과 농민, 서로 사랑하는 남녀, 어머니와 아버지, 앞날이 촉망되는 아이들, 발명가와 개척자, 윤리도덕의 교사들, 부패한 정치가들, '슈퍼스타', '초인적 지도자', 성자와 죄인 등 인류의 역사에서 그 모든 것의 총합이 여기에, 이 햇빛 속에 떠도는 먼지와 같은 작은 천체에서 살았던 것이다.

지구는 광대한 우주의 무대 속에서 하나의 극히 작은 무대에 지나지 않는다. 이 조그만 점의 한 구석의 일시적 지배자가 되려고 장군이나 황제들이 흐르게 했던 유혈의 강을 생각해 보라. 또 이 점의 어느 한 구석의 주민들이 거의 구별할 수 없는 다른 한 구석의 주민들에게 자행했던 무수한 잔인한 행위들, 그들은 얼마나 빈번하게 오해를 했고, 서로 죽이려고 얼마나 날뛰고, 얼마나 지독하게 서로 미워했던가 생각해 보라. 우리의 거만함, 스스로의 중요성에 대한 과신, 우리가 우주에서 어떤 우월한 위치에 있다는 망상은 이 엷은 빛나는 점의 모습에서 도전을 받게 되었다. 우리 행성은 우주의 어둠에 크게 둘러싸인 외로운 티끌 하나에 불과하다. 이 광막한 우주공간 속에서 우리의 미천함으로부터 우리를 구출하는 데 외부에서 도움의 손길이 뻗어올 징조는 하나도 없다.

미국의 천문학자이자 과학 커뮤니케이터인 칼 세이건. 뛰어난 과학 업적은 물론 인문학적 소양으로 대중이 과학과 친숙해지는 데 큰 역할을 했다(출처: 위키미디어).

지구는 현재까지 생물을 품은 유일한 천체로 알려져 있다. 우리 인류가 이주할 곳—적어도 가까운 장래에—이라고는 달리 없다. 방문은 가능하지만 정착은 아직 불가능하다. 좋건 나쁘건 현재로서는 지구만이 우리 삶의 터전인 것이다.

천문학은 겸손과 인격수양의 학문이라고 말해져 왔다. 인간이 가진 자부심의 어리석음을 알려주는 데 우리의 조그만 천체를 멀리서 찍은 이 사진 이상 가는 것이 없다. 사진은 우리가 서로 더 친절하게 대하고 우리가 아는 유일한 고향인 이 창백한 푸른 점(지구)을 보존하고 소중히 가꿀 우리의 책임을 강조하고 있다고 나는 생각한다.

이와 관련된 영상은 유튜브에 많이 있다. 실제 칼 세이건의 목소리로 들을 수도 있으니 찾아보기를 권한다. 당연히 영어다.

우리는 정말 아무것도 아니다. 그 어떤 존재보다 뛰어나다고, 우리는 특별하다고 주장하며 서로를 향해 총부리를 겨누는 것이 과연 타당할까? 우리가 스스로 인류에게 붙인 '호모 사피엔스'라는 학명이 너무 오만하게 느껴진다. 도대체 뭐가 슬기롭다는 말인가.

3장

일상의 과학

RH⁻ AB형이라고?

내 머릿속에 기억이 만들어지기 시작한 이후로 Rh⁻ 혈액형을 가진 사람이 누가 있었는지 떠올려보면, 한동안 생각나는 사람이 없었다. 학창 시절에도 친구들에게 혈액형을 물을 때 ABO식 혈액형만 물어보지, Rh +인지 −인지 따로 묻지 않았다. 당연히 +라고 생각했기 때문일 것이다. 아니 정확히 이야기하면 그때는 Rh식 혈액형이 뭔지도 잘 몰랐다.

2011년 겨울, 산전 검사 결과를 듣기 위해 아내와 병원을 찾았고 그곳에서 알게 되었다. 그렇다. 아내의 혈액형이 Rh⁻ AB형이었다. 아내가 AB형이라는 사실은 당연히 알고 있었다. 그런데 Rh 네거티브라니. 그때까지 32년을 살아오면서 처음으로 알게 된 Rh⁻ 혈액형을 가진 주인공이 바로 내 아내였다. 더 놀라운 것은 아내도 자신이 Rh⁻라는 사실을 그때 처음 알게 되었다는 점이다. 30년을 살고 난 이후에 자신도 모르던 진실을 알게 되었다는 것인데, 수술이 필요할 정도의 큰 병이나 사고를 당한 적이 없다는 말도 되니 다행이라면 또 다행이다.

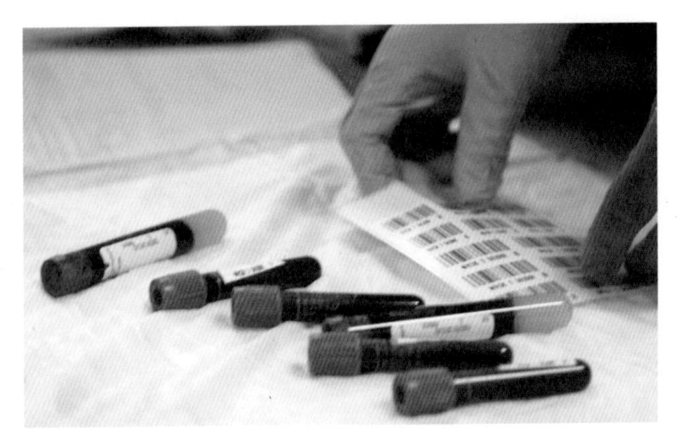

혈액 검사를 위한 샘플.

우리는 혈액형에 관한 이야기를 자주 한다. 새로 만나게 된 사람들의 혈액형을 궁금해 하기도 하고, 갑자기 화를 내는 친구의 혈액형이 무엇인지 알게 되면 그 친구가 화를 낸 이유를 쉽게 이해하기도 한다. 짜증이 많은 친구의 혈액형을 아는 것만으로 그 친구를 이해한다. 놀라운 일이 아닐 수 없다. 이것은 마치 화를 내는 친구의 키가 180센티미터라는 이유로 그럴 수 있다고 생각하는 것과 마찬가지다.

혈액형에 따른 성격이나 혈액형별 궁합 같은 것을 절대적으로 신봉하는 사람이 꽤 많다. 통계학적으로 도출된 결과이기 때문에 과학적이라 주장하며 핏대를 올리는 친구도 있었다. 어째서 이렇게 되었을까? 결론부터 이야기하자면 혈액형 성격설은 과학적 근거가 전혀 없는 낭설에 불과하다.

전혀 믿을 만한 이야기는 아니라는 뜻이다. 재미를 위해 가끔 웃고 떠드는 소재, 딱 거기까지다.

혈액형에 따라 성격을 예측할 수 있다면 왜 꼭 ABO식 혈액형만 가능한지도 의문이다. 혈액형은 가장 많이 알려진 ABO식 말고도 Rh식, Lewis식 등 여러 가지 분류법이 있다. 혈액형에 따른 성격 분류가 과학적으로 타당하다면, ABO, Rh, Lewis 등 다양한 분류법에 따른 누군가의 혈액형 포트폴리오만 가지고 그 사람의 삶이 어떤지 예측할 수 있다는 것인가? 당연히 아니다. ABO식 혈액형은 적혈구 표면에 A/B항원이 있는지, 혈장 속에 A/B항체가 있는지에 따라 구분한다. A형은 A항원과 B항체를 가지고 있고, B형은 B항원과 A항체를 가지고 있는 식이다. 조금 헷갈리기 시작하니 이 정도로 넘어가자.

혈액형이 중요한 곳은 의료 현장뿐이다. 혈액형이 다르다는 것은 기본적으로 피에 있는 항원과 항체가 달라서 섞였을 때 굳어져 혈관을 막을 수 있다는 뜻이다. 이렇게 복잡한 항원-항체의 관계 때문에 통상 수혈은 필요한 경우에 같은 혈액형끼리만 가능하다. 아주 위급한 경우나 소량의 수혈일 경우에는 혈액형이 달라도 수혈이 가능할 수 있다. 예를 들어 O형 혈액은 다른 혈액형을 가진 사람에게 수혈할 수 있다. 하지만 O형 혈액에도 A/B항원은 없지만, A/B항체가 있기에 대량으로 수혈하면 응고가 일어날 수 있다. 이 때문에 의료 현장에서 수혈이 필요한 경우에는 반드시 같은 혈액형만 수혈한다.

아내가 Rh$^-$ AB형이라는 사실을 안 지 얼마 지나지 않아 아기를 가졌고, 동네 산부인과를 다니던 우리는 출산이 다가오자 혹시 모를 사태에 대비하기 위해 대학병원으로 옮길 수밖에 없었다. 출산 중에 갑자기 출혈이 심해지는 위급한 상황에 대비해서 Rh$^-$ 혈액을 원활히 공급받을 수 있는 대학병원을 선택한 것은 당연한 일이었다. 그때 Rh$^-$ 혈액형을 가진 사람들이 활동하는 인터넷 카페의 존재도 알게 되었다. 그 카페의 존재를 확인하고 얼마나 든든했는지 모른다. 그리고 2013년 봄, 그 어떤 아이보다 예쁘고 건강한 딸내미를 만날 수 있었다. 다행히 우려했던 출혈은 없었다. 걱정은 줄고 기쁨은 배가 되었으니, 여간 기쁜 일이 아니었다.

우리나라 사람들의 ABO식 혈액형 분포를 살펴보면 A형, B형, O형이 각각 27~34퍼센트(A형이 가장 많다)의 비율을 차지한다. AB형은 약 10~11퍼센트 정도로 알려져 있다. 다른 나라들을 살펴보면 국가별로 약간씩 다른 분포를 보이는데, 중국·미국·영국은 O형이 많다. 특이하게 페루 인디언이나 마야인 같은 경우는 거의 대부분의 사람이 O형이다. Rh식으로 살펴보면 서양인은 20퍼센트 정도가 Rh$^-$ 혈액형을 갖고 있지만 우리나라의 경우는 Rh$^-$ 혈액형이 매우 드물다. 대략 1,000명에 한 명꼴이라고 한다. 결국 우리나라 인구가

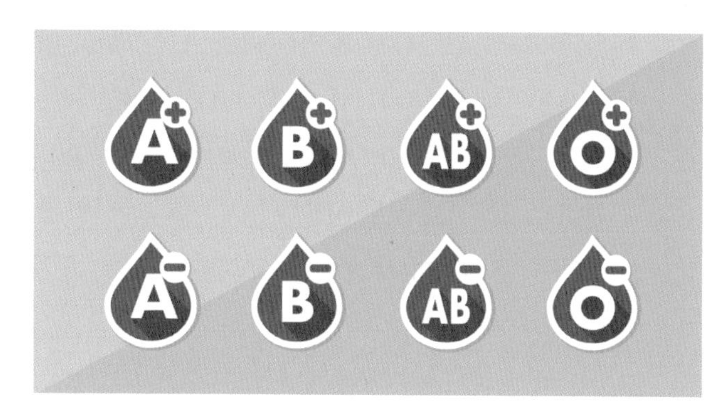

ABO, Rh 방식의 혈액형 분류법.

5,000만 명이라고 가정하면 이 중에 10퍼센트인 500만 명이 AB형이고, 그중 0.1퍼센트인 5,000명 정도가 Rh$^-$ AB형일 것이라 추정할 수 있다. 물론 정확한 수치는 알 수 없다. 추정일 뿐이다.

아내의 혈액형이 Rh$^-$라는 사실을 알게 된 이후 아내의 이야기를 들어보면 주변에 Rh$^-$ 혈액형을 가진 사람들을 종종 만난다고 한다. 굳이 먼저 스스로 자신이 Rh$^-$ 혈액형임을 밝히지 않는 것이다. 아내가 자신이 Rh$^-$라고 하면 그제야 '사실은 나도……'라고 이야기하는 식이다. Rh$^-$ 혈액형이라는 게 사회적으로 불이익을 받을 수도 있는 요소라고 생각하는 것일까? 생각해보면 그럴 수 있을 것 같다. 그리고 혹시 그렇다면 정말 씁쓸한 일이다.

아내는 지금도 가끔 이야기한다. 대한민국에 Rh$^-$ AB형은 정말 귀한 존재라고, 남들과 다른 귀한 피를 가진 특별한 사람이라고. 가끔은 귀한 게 아니라 그냥 희귀한 거라고 말해주고 싶긴 하지만, 일단 100퍼센트 동의하기로 했다. 물론 이럴 때 괜히 세계적으로 보면 어떻다느니 그런 말을 할 필요는 없다. 그런 것 다 떠나서 평생을 함께할 사람인데 어찌 특별하지 않을 수 있겠는가?

다만 한 가지, 혈액형은 혈액형일 뿐이다. 우리 몸을 흐르는 혈액의 특성 때문에 인간의 성향·성격·태도 등이 결정되지는 않는다. 100퍼센트 믿어도 좋다.

다가가지 못하는 이유

열대야로 잠을 설치고 나면 아침이 너무 힘들다. 자고 일어났는데도 몸이 피곤하다. 늦잠을 잤으니 더 빨리 움직여야 하는데, 여간 어려운 일이 아니다. 그렇게 서두르고도 결국 뜀박질을 해야 출근 시간을 맞출 수 있다. 전쟁을 치르고 사무실에 들어가 책상에 앉으면 옷은 이미 땀에 흠뻑 젖어 있다. 물론 한여름의 이야기다.

그런 날은 왠지 동료 직원들과 업무 협의를 해도 멀찍이 떨어져 이야기하게 된다. 그리고 동료의 표정이 약간이라도 안 좋아 보이면 내가 뭔가 잘못한 것도 아닌데 나도 모르

가끔 참기 힘들 정도로 지독한 땀 냄새를 풍기는 사람을 만나는 경우가 있다.

게 괜히 찔리기 시작한다. 업무 협의를 마치고 내 자리로 돌아오면 책상에 바짝 엎드려 상의를 손가락 끝으로 끌어다가 냄새를 한번 맡아본다.

'혹시 나한테 땀 냄새 많이 나나?'

'혹시'는 '역시'다. 이런 날은 종일 움츠려 조용히 퇴근 시간이 되기만을 기다린다. 퇴근할 때도 사람들에게서 멀찍이 떨어져 걷는다. 붐비는 엘리베이터는 쳐다보지도 않고 계단으로 발걸음을 옮긴다. 죄인이 된 듯한 느낌이다. 그래도 몸에서 땀 냄새를 풀풀 풍기면서 당당하게 양팔을 펄럭이는 사람들보다는 양심적이지 않을까라는 쓸데없는 생각을 하면서 말이다.

사람은 누구나 땀을 흘린다. 더울 때 땀이 흐른다는 사실은 땀의 역할을 설명해준다. 땀은 체온 조절 기능을 한다. 배출된 땀이 증발하면서 열을 빼앗기 때문에 체온이 낮아지게 된다. 역설적으로 추운 겨울에 격렬한 운동을 하면 땀을 흘리게 되는데, 운동 후에 바로 닦아내지 않으면 체온이 너무 떨어져 감기에 걸리기 쉽다. 사람은 보통 하루에 500밀리리터 이상 땀을 흘린다고 한다. 여름에는 그 양이 더 늘어난다.

우리 몸에는 '에크린샘'과 '아포크린샘'이라는 두 종류의 땀샘이 있다. 에크린샘은 우리 몸 대부분에 분포하는 일반적인 땀샘이고, 아포크린샘은 겨드랑이, 사타구니, 귀 뒤쪽 등 신체 일부에만 분포한다. 특히 아포크린샘에서 나는 땀은 성분이 복잡해 특유의 냄새를 내는데, 이 냄새가 심한 경우 주위 사람들에게 불쾌감을 주기도 한다. 다행스러운 점은 우리나라 사람들은 유전적으로 냄새가 가장 덜 나는 민족이라는 사실이다.

우리는 흔히 땀 자체가 냄새를 풍긴다고 생각하기 쉽지만 사실 땀 자체는 냄새가 거의 없다. 99퍼센트가 물이고 냄새가 날 만한 성분은 매우 적다. 우리가 느끼는 땀 냄새는 배출된 땀을 세균이 분해하는 과정에서 생성되는 것이다. 세균들이 땀에 포함된 일부 성분을 분해하면 암모니아와 지방산이 생성되는데, 이 녀석들이 땀 냄새의 주범이다.

아주 친한 친구 사이라면 땀 냄새가 나는 친구에게 '썩은 내'가 난다고 핀잔을 주기도 하는데, 이 말은 과학적으로 근거가 있다. 썩는다는 것은 세균 같은 미생물의 활동으로 유기체가 분해되는 현상을 의미한다. 땀 냄새도 세균의 분해 작용으로 나는 냄새이기 때문에 '썩은 내'라는 표현은 그 나름의 근거가 있다는 뜻이다. 역시 한국어는 과학적이다.

얼마 전까지 직장에서 함께 일하던 동료 중에는 여름이면 늘 '데오드란트'를 뿌리는 후배가 있었다. 그 후배는 나와 같은 '남성'이다. 나는 이미 40세가 넘은 아저씨라 화장품의 일종인 데오드란트는 여성들만 애용하는 것이라는 선입견이 있었다. 하지만 요즘 20~30대 젊은이들은 그렇지 않다. 우리나라 화장품 시장에서 가장 빠르게 판매량이 증가하는 품목이 바로 데오드란트라고 한다.

데오드란트가 땀 냄새를 줄이는 방법은 크게 두 가지가 있다. 하나는 땀을 분해해 냄새를 유발하는 미생물을 죽여서 냄새를 줄이는 것이고, 또 하나는 땀샘을 막아 땀 자체의 배출을 줄이는 방법이다. 우리나라 사람들이 데오드란트를 쓰는 이유는 서양 사람들과는 다르다. 서양인들은 흔히 '암내'라고 부르는 악취를 제거할 목적으로 데오드란트를 뿌린다.

하지만 우리나라 사람들은 냄새가 나지 않더라도 한여름에 겨드랑이에서 나는 땀 자체를 줄이려는 목적으로 쓰는 경우가 더 많다. 한때 데오드란트에 들어가는 땀 분비를 줄이는 성분이 유방암을 일으킨다는 주장이 나와 논란이 된 적이 있다. 하지만 미국 식품의약국FDA 등 전문기관이 여러 차례 검토한 결과, 이 주장은 근거가 부족하다고 결론이 났다.

출근길에 어쩔 수 없이 흘리는 땀은 찜찜하지만 격렬한 운동이나 등산을 통해 흘리는 땀은 상쾌하다. 건강해지는 느낌을 주기도 한다. 하지만 서로에게 불편함을 주지 않기 위해 스스로를 깨끗하게 관리하는 일은 현대 생활에서 중요한 에티켓이다. 일단 잘 씻자. 그것만으로도 동료나 친구들과 더 가까워질 수 있다. 덤으로 조금 더 건강하게 살 수 있다. 우리는 이미 코로나19로 청결을 유지하는 것이 얼마나 중요한지 잘 알고 있지 않은가?

뽀송뽀송함에 대한 갈구

22년 전, 그러니까 군대에 있을 때다. 앞서 언급했듯이 내가 복무하던 곳은 강원도 최전방이었고 따로 주어진 임무를 수행하는 독립 소대였다. 26개월의 군 생활 기간 중 절반 이상을 다른 소대와 교대를 하며 몇 군데 막사를 옮겨 다녀야 했다. 그 시절, 산꼭대기에 요새처럼 만들어놓은 감시초소(GP: Guard Post)에서 근무한 적이 있었는데 그곳에서 여름철 최대의 적은 습기였다.

강원도의 험준한 산지는 여름에도 한낮을 제외하고는 제법 선선했다. 그래서 더위는 금방 잊을 수 있었다. 모기도 생각보다 없었고 부대원들과 사이도 나쁘지 않았다. 가끔 나가는 작전이 힘들었지만 한바탕 땀을 흘린 운동이라 생각하면 마냥 힘든 일은 아니었다. 그 여름에 내 유일한 적은 참을 수 없을 정도로 찜찜한 침낭과 끈적끈적한 바닥이었다.

특히 장마철이면 그 정도가 무척 심해졌다. 벽에서는 늘 물기가 묻어났고, 잠을 자는 침상을 맨발로 걷다 보면 발바닥이 장판에 붙었다 떨어지며 쩍쩍 소리를 내곤 했다. 부대 살림을 책임지는 행정보급관이 '전기 먹는 하마'라는 핀잔을 주며 공수해준 제습기를 틀어놓아도 별반 차이가 없었다. 하루에 몇 번이고 제습기의 물통을 비워주는 게 일이었지만, 그 제습기 한 대로 습도를 낮추는 것은 무리였다.

축축한 침낭을 펴고 피곤한 몸을 눕히는 기분은 생각보다 더 좋지 않다. 경험해보지 못한 사람에게는 어떻게 설명해야 할지 모를 정도다. 어떻게든 비유해보자면 빨기 위해 커다란 고무 대야에 넣어 물에 불려놓은 이불을 다시 꺼내서 덮는 기분이랄까? 여하튼 정말 별로다. 그 생활을 몇 달간 했다. 피부병이 없었던 것은 정말 천운이었다.

공기가 얼마만큼의 수증기를 포함하고 있는지를 수치화한 것이 '습도'다. 습도는 포함된 수증기의 절대량을 뜻하는 '절대 습도'와 특정 온도의 공기가 최대한 머금을 수 있는 수증기 대비 실제 머금고 있는 수증기의 양을 뜻하는 '상대 습도'가 있다. 일상생활에서 보통 습도라고 하면 퍼센트(%)로 표시되는 상대 습도를 뜻한다.

습도가 높으면 공기는 머금은 수증기를 쉽게 물로 바꿔 어딘가에 물방울로 내놓는다. 상대 습도가 100퍼센트에 가까워지면 공기가 더는 수증기를 머금을 수 없게 되는데, 이 때문에 땀을 흘려도 증발이 되지 않아 더 끈적끈적한 느낌을 받게 된다.

습기는 겨울에도 문제가 된다. 흔히 '결로'라는 부르는 현상 때문인데, 결로는 단열이 제대로 되지 않는 경우에 자주 생긴다. 추운 겨울에는 실외 온도와 실내 온도의 차이가 크게 날 수밖에 없다. 그런데 단열이 제대로 되지 않으면 따뜻한 실내 공기가 머금은 수증기가 차가워진 벽면이나 유리창에 응결되어 물이 흐르게 되는 것이다.

결로는 곰팡이로 연결된다. 상시 축축함이 유지되기 때문에 곰팡이가 자라기에 좋은 환경이 된다. 닦아내도 결로 문제가 해결되는 것은 아니다. 근본적으로 해결할 수 있게 조치하지 않으면 다시 발생하기 쉽다. 곰팡이는 지하실에서도 흔히 발생하는데, 이는 구조적 영향이 있다. 영화 〈기생충〉

유리에 물방울이 맺혀 흐르는 결로 현상은 자주 볼 수 있다. 집 안의 어느 벽에서 이런 현상이 일어난다면 골치가 아파진다.

에서 언급되는 '반지하 냄새'도 지하실에 쉽게 피어나는 곰팡이의 곰팡내가 아주 조금은 섞여 있지 않았을까?

전역한 이후로 결혼을 하고 층간소음 문제로 주택을 짓기로 하면서, 건축가에게 매번 강조했던 것 중 하나가 습기 문제다. 다행스럽게도 집을 짓고 8년 동안 습기나 곰팡이 때문에 속을 썩은 적은 아직 없다. 앞으로 한동안 계속 살아갈 공간이기에 여간 다행스러운 일이 아닐 수 없다. 물론 집은 짓고 나서 10년이 넘어서면 여기저기 고장이 난다고 하니, 조금 걱정이 되기는 한다.

20년 전 군대에서는 장마가 끝나고 쨍쨍 내리쬐는 햇빛에 침낭을 말리며 겨우 뽀송뽀송함을 찾았는데, 요즘은 고생스

주택의 단열재로 활용되는 충전재. 목조주택의 경우 보통 이런 단열재를 벽 사이에 채워 열 손실을 막는다.

럽게 마련한 집과 건조기, 그리고 에어컨의 제습 모드가 항상 뽀송뽀송함을 지켜주고 있다. 그 끈적임을 다시 경험하지 않아도 되니 얼마나 다행인지 모른다.

끈적임을 없애고 뽀송뽀송함을 찾는 방법은 여러 가지가 있다. 공기 중에 많은 수증기를 제거하거나(제습기, 제습제 등) 온도를 높이는(보일러 켜기 등) 방법이다. 온도가 높아지면 머금을 수 있는 수증기의 절대량이 많아지므로 습도는 내려간다. 겨울철 결로가 문제라면 근본적인 해결책은 비용이 만만치 않겠지만, 단열 공사를 하는 것이다.

우리는 과학은 잘 몰라도 습도를 낮추는 방법은 잘 알고 있다. 과학이라는 분야에 대해 큰 관심이 없는 할머니, 할아버지들도 습기 제거를 위해 보일러를 돌리신다. 아마 옛날에는 아궁이에 불을 지폈을 것이다.

우리 선조들은 과학의 언어로 설명하지는 못했지만, 과학 원리를 품은 삶의 지혜를 많이 남기셨다. 바로 우리의 저력 아니겠는가?

칡 좀 캐보셨나요?

내가 어린 시절을 보낸 시골집 뒤편에는 나지막한 산이 있다. 예전에는 참나무가 울창하게 숲을 이루던 곳이었다. 철마다 동네 아이들과 산에 올라 도토리를 줍고 곤충을 잡으러 돌아다니던 즐거운 추억이 남아 있는 산이다. 지금은 큰 참나무들이 다 벌목이 되었고, 작은 묘목들만 심겨 있다. 얼마 전에 보니 온 산을 '칡'덩굴이 뒤덮고 있었다. 아무래도 작고 연약한 묘목들이 자라기는 쉽지 않을 것 같았다.

어렸을 때는 동네 형들과 함께 삽 한 자루를 들고 뒷산에 올라 커다란 칡뿌리를 하나씩 캐오곤 했다. 그럴 때면 당연하다는 듯이 막 캔 칡뿌리를 조각내 입에 넣고 질겅질겅 씹곤 했다. 단맛이 살짝 나긴 하지만 씁쓸한 그 맛이 뭐가 좋다고 매번 물고 돌아다녔는지.

주변 사람들과 칡에 관해 이야기해보면, 대부분 도시에서 자란 탓에 칡은 끓여 먹는 '차' 또는 '냉면의 재료' 정도로만 알고 있고, 잎이나 꽃을 본 적이 없다고 말하는 사람이 많다. 사실 그들은 지나가다가 칡을 여러 번 봤을 테지만, 그게 칡인지는 인지하지 못했을 것이다. 나도 시골에서 자라지 않았다면 알지 못했을 테니 말이다.

일 때문에 운전대를 잡고 여기저기 돌아다니다 보면 칡덩굴이 눈에 많이 띈다. 도로를 만들기 위해 깎아놓은 산 절개면을 덮고 있는가 하면, 도로변에 전봇대나 큰 나무를 감고 있는 칡덩굴의 모습도 자주 볼 수 있다. 요 몇 해는 '칡이 자라기 좋은 조건이었나?' 하는 생각이 들 정도였다. 도로 옆 절개지의 칡은 흙이 빗물에 쓸려 내려가는 것을 방지하는 순기능도 있지만, 보통 칡은 환영받지 못하는 식물이다.

칡은 장미목 콩과의 식물로 강한 생명력이 특징이다. 하루에 50센티미터 이상 자란다. 줄기를 잘라내도 남은 뿌리에서 새로 줄기가 올라온다. 그야말로 불사신이라 할 수 있을 정도다. 칡덩굴이 번성하면 주변에 다른 식물이 자라기 힘들어진다. 나무를 감고 올라가는 덩굴식물의 특성상 다른 나무의 성장을 방해해 말려 죽이기도 한다. 또 전봇대나 전선을 타고 자라는 칡은 정전의 원인이 되기도 한다.

이 때문에 시골에서 칡은 골칫덩이로 취급받는다. 예전처럼 칡만 보이면 달려들어 뿌리를 캐가는 사람도 없으니 푸

칡덩굴이 뒤덮은 나무. 자동차를 타고 고속도로를 지나다 보면 칡덩굴을 심심치 않게 볼 수 있다.

대접이 더 심해진다. 칡뿌리는 상당히 깊게 땅속에 묻혀 있고 굵기도 제법 굵어서 제거하는 것이 만만치 않다. 굴삭기 같은 중장비를 동원해서 뿌리를 캐내고 정리하기도 하지만 몇 해를 정리해도 상황이 쉽게 나아지지 않는다.

이런 문제는 우리나라에서만 생기는 것은 아니다. 외국에서도 칡은 골칫덩이 취급을 받는다. 미국은 과거 일본에서 칡을 수입해 활용한 적이 있는데, 지금 그 칡은 전문적으로 제거하는 사람들이 있을 정도로 골칫거리다. 칡은 그만큼 생명력이 강해서 없애기 어려운 식물이다.

문제가 많은 식물이지만 칡꽃은 생각보다 예쁘다. 6월부터 8월 사이에 자줏빛의 꽃이 피는데, 여러 개의 꽃이 모여 마치 꽃으로 이루어진 포도송이 같은 모양을 하고 있다. 꽃만 놓고 보자면 내 기준에서는 아주 아름답다. 더욱이 칡이 주는 알싸하면서 달짝지근한 맛도 놓칠 수 없다. 칡냉면 맛집은 충분히 찾아가볼 만한 가치가 있다.

우리는 아직 칡에 대해 모르는 것이 많다. 칡이 나중에 우리 인류에게 어떤 도움을 줄지 모른다. 아무리 골칫덩이지만, 분명 몇 군데 이쁜 구석은 있다. 비단 칡뿐만 아니라 모든 생물종이 그렇다.

착한 벌레, 나쁜 벌레

신록의 계절이 시작되면 가끔 산행에 나서곤 한다. 전국의 명산을 찾아다니는 것은 아니고, 집 주변의 나지막한 산들이 행선지다. 전문적인 등산가도 아니고, 취미 등산가라고 하기에도 실력이 형편없다. 걷는 시간과 쉬는 시간이 엇비슷하다. 하지만 산행은 여간 보람 있고 즐거운 일이 아닐 수 없다. 가족과 함께 산행에 나선 날은 더 그렇다. 신비하게 굽은 소나무를 가리키며 함께 감탄사를 연발하기도 하고, 발아래 막 피어난 꽃을 한참 들여다보기도 한다. 그리고 필연적으로 마주치는 것들이 있다. 바로 수많은 '벌레'다.

벌레는 곤충을 비롯해 작고 하찮다고 생각되는 하등동물들을 총칭하는 단어다. 일반적으로는 곤충, 거미류, 다지류 등 갑각류를 제외한 절지동물을 가리킨다. 흔히 상대방에게 모욕감을 주거나 욕을 퍼부을 때 '버러지만도 못한 놈'이라는 말을 자주 쓰는데, '버러지'는 벌레와 동의어다. 그런데 요새는 여기서 더 나아가 혐오의 뜻을 담아 아무데나 벌레 '충蟲'자를 붙이는 현상이 비일비재해 사회가 점점 더 각박해져가는 느낌을 지울 수 없다.

5월 말에 오르는 산에서 가장 많이 볼 수 있는 벌레는 각종 애벌레다. 나뭇잎 여기저기에 올라가 앉아 있는 녀석들도 있고, 나무에서 떨어져 바닥을 구르는 녀석들도 있다. 성충이 되면 예쁜 나비가 될지 모른다. 하지만 온몸에 털이 나 있는 애벌레의 모습은 혹시 살에라도 닿으면 아픔까지 주는 녀석들이기에 그다지 달갑지는 않다. 다음으로 많이 보이는 것은 가장 친숙한 곤충, 바로 개미다. 아주 작아 눈에도 잘 띄지 않는 녀석들부터 길이가 1센티미터는 넘어 보이는 제법 큰 녀석들까지 개미들은 산속 여기저기를 돌아다니느라 늘 바빠 보인다.

딸아이는 기본적으로 벌레를 싫어한다. 그래도 아빠가 한 번 자세히 살펴보라고 하면 되도록 멀찍이 쭈그리고 앉아 살펴보곤 한다. 어쩌다 '자벌레'를 잡아 손에 올려주기라도 하면 난리가 난다. 반면 인근에 사는 조카는 곤충을 아주 좋아한다. 둘 사이의 차이를 잘 모르겠다. 아마 개인의 취향이리라. 아니면 자라난 환경 탓이거나.

우리는 가끔 방 안에서 벌레를 만나기도 한다. 산이라면 몰라도 우리가 잠을 자고 밥을 먹는 집 안에서 만나는 벌레는 대부분 환영받지 못하는 불청객이다. 대표적인 것은 역시 파리와 모기다. 아파트에 사는 사람들은 잘 모를 수도 있지만, 단층주택에서는 지네처럼 생긴 벌레도 자주 출몰한다. 대표적인 것은 우리 가족이 끔찍이 싫어하는 '노래기', '그리마' 같은 녀석들이다. 일단 사람들은 다리가 많으면 징그럽다고 생각하는데, 이 녀석들은 모두 다리가 열 개 이상 달려있다. 직접 찾아보는 것은 권하지 않는다. 같은 이유로 이 책에 사진도 싣지 않았다. 이 녀석들은 곤충이 아니라 다지류에 속한다는 사실만 알고 넘어가자.

우리는 사람을 중심으로 생각하기 때문에 지구의 주인은 우리 인간이라고 생각한다. 하지만 어떤 면에서 지구의 지배자는 바로 절지동물, 그중에서도 곤충이다. 이 녀석들은 지구 곳곳을 점령하고 있고 무려 100만 종이 넘는 종으로 구성되어 있다. 곤충은 머리, 가슴, 배로 몸통이 구분되고 여

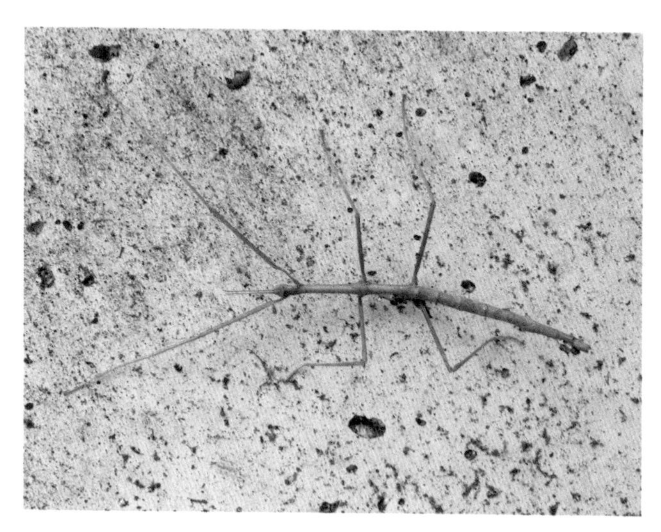

대벌레는 우리나라 산에서도 자주 볼 수 있는데, 가끔은 개체수가 너무 많이 늘어나 지자체에서 방제 작업을 하기도 한다.

섯 개의 다리와 네 개의 날개를 가지고 있다. 개미처럼 날개가 퇴화한 종도 있고, 날개가 한 쌍만 남은 녀석들도 있다. 이는 머리가슴, 배로 몸통이 구분되고 여덟 개의 다리를 가진 거미류와 다르다. 다지류는 그냥 보면 다르다는 것을 알 수 있다. 다리가 엄청나게 많으니까.

곤충은 지구에서 매우 중요한 역할을 한다. 기본적으로 동물계의 가장 아래에서 다른 동물의 먹이가 되어 생태계를 지탱해주고 있다. 또 많은 종류의 식물들이 자손을 퍼트리는 일을 전적으로 벌 같은 곤충에게 의지하고 있기도 하다. 곤충은 분해자의 역할도 수행하기 때문에 자연을 정화하는 일에도 이바지한다. 이처럼 중요한 역할을 하는 곤충이지만, 인류가 번성한 21세기 지구에서 살아가기는 만만치가 않다. 곤충에게 위기가 찾아왔다.

생태계의 파괴와 생물의 멸종은 어제오늘의 일이 아니다. 그간 사람들의 관심은 덩치가 큰 포유류나 조류, 파충류 같은 척추동물의 멸종에 쏠려 있었다. 하지만 곤충의 멸종율은 포유류, 조류 등에 비해 여덟 배나 빠르다. 게다가 곤충의 총량 또한 해마다 2.5퍼센트씩 감소하고 있다. 왜 그럴까? 주된 이유는 농업의 발달, 도시화, 기후위기다.

인류는 더 많은 식량을 확보하기 위해 무분별하게 살충제를 남용해왔다. 살충제는 곤충의 개체수를 줄이는 가장 큰 원인이다. 인간의 생활 영역이 확대되면서 곤충들의 서식지인 나무와 숲이 사라진 것도 영향을 미쳤다. 곤충의 감소는 곤충을 먹이로 하는 조류의 감소로 이어지고, 결국 생태계에 큰 교란을 불러일으킨다. 60여 년 전에 레이첼 카슨이 『침묵의 봄』을 괜히 쓴 것은 아니다.

할아버지, 할머니께 옛날이야기를 들어보자. 그분들이 어렸을 때만 해도 밤이면 반짝이는 반딧불을, 한낮에는 쇠똥을 열심히 굴리는 쇠똥구리를 쉽게 볼 수 있었다고 한다. 하지만 이제는 거의 찾아볼 수 없다. 뒷산에 올라 사슴벌레를 찾으며 놀던 아이들의 모습 역시 더는 보기 어렵다. 오히려 사슴벌레는 인터넷을 통해 사야 하는 특별한 곤충이라고 생

농업 현장에서는 곡식을 보호하고 농사일을 손쉽게 하기 위해 어쩔 수 없이 제초제나 살충제의 도움을 받아야 하는 경우가 많다.

각하는 아이들도 있다.

곤충의 위기가 생태계에 큰 위협이 된다는 사실을 생각하지 않더라도 자연과 함께하는 사람들의 추억이 줄어드는 것 자체가 안타깝다. 아이에게 밖에 나가서 놀라고 말하고 싶지만, 정겨운 곤충의 울음소리가 아니라 굉음을 내며 달리는 자동차가 지나다니는 곳이라 그러기도 쉽지 않다. 어찌 보면 이제 거스를 수 없을지도 모른다.

곤충을 보호하기 위해 뭘 당장 해야 한다고 주장하는 것은 아니다. 일단 현실이 그렇다는 것만 알아두자. 그 정도면 첫 단추는 잘 꿴 것이다.

소주에 대한 오해

우리나라 국민이 사랑하는 술, 소주는 싼 가격이 장점이다. 서민들의 슬픔을 달래주고 돈벌이의 고단함을 잊게 해주는 직장인의 친구다. 하지만 술은 여러 가지 질병의 원인으로 국민 건강에 해악을 끼치기도 한다. 실제로 우리나라 남성 100명 중 열두 명은 술과 관련된 질병이나 사고로 사망한다고 알려져 있다. 물론 소주만이 아니라 술이라는 범주에 포함되는 모든 것들 때문이다.

우리나라 사람들은 술을 많이 마신다. 제목에 '술'이 들어가는 드라마나 예능이 큰 인기를 끄는 것만 봐도 한국인이 얼마나 술을 사랑하는지 쉽게 알 수 있다. 실제로 우리는 아시아의 여러 민족 중 가장 술에 흥청망청 취해 사는 민족이다. 세계보건기구의 보고서에 따르면 우리나라 사람들의 2015~2017년 연평균 일인당 알코올 섭취량은 10.2리터 수준이었다. 이는 순수 알코올로 환산한 값이다. 남성으로 한정하면 16.7리터로 올라간다. 알코올 16.7리터를 소주(360밀리리터, 17도)로 환산하면 무려 270병이 넘는다. 최근에는 우리나라 사람들의 연평균 알코올 섭취량이 8리터 아래로 떨어지기는 했지만 여전히 높은 수준이다.

소주는 싸구려 술의 대명사다. 또 공장에서 대량으로 생산되기 때문에 가끔 사람들이 소주에 들어가는 알코올이 화학

우리나라 국민이 가장 사랑하는 술, 소주는 서민의 벗이다.

공정을 거쳐 합성된 것으로 생각하는 경우가 있다. 마트에 가면 한쪽 벽면을 소주가 가득 채우고 있으니 그렇게 생각할 만도 하다. 하지만 이는 SNS가 키워낸 거짓 정보다.

우리가 마시는 술에 포함된 알코올인 '에탄올'을 만드는 방법은 크게 두 가지가 있다. 첫 번째는 전통적인 방식인 발효를 이용하는 방법이고, 두 번째는 석유에서 뽑아낸 에틸렌(C_2H_4)을 통해 화학적으로 합성하는 방법이다. 결론부터 말하면 소주에 포함된 에탄올은 발효를 통해 얻는다.

발효는 탄수화물이 포함된 곡물에 효모를 첨가하는 방법으로 일으킬 수 있다. 효모는 미생물의 일종으로 할머니들이 술을 담글 때 쓰던 누룩, 제과점에서 빵을 구울 때 쓰는

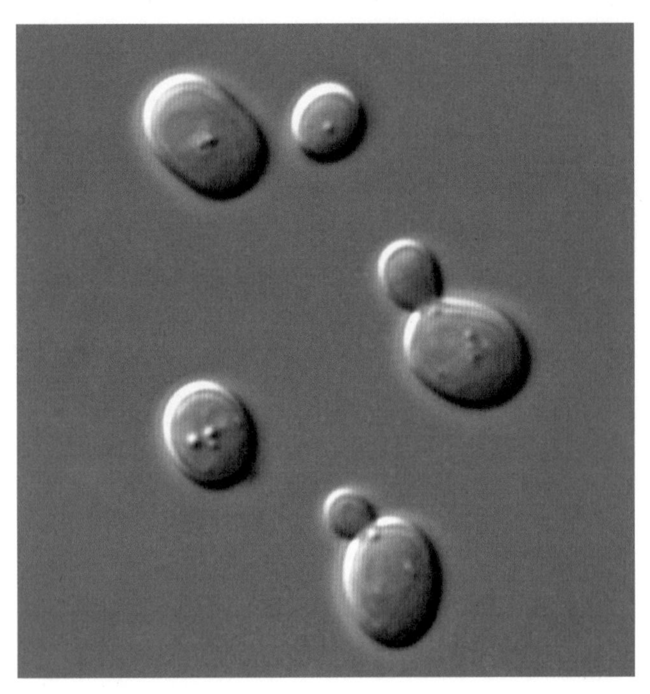

술이나 다른 발효음식을 만들기 위해 우리 인간들은 아주 오래전부터 효모를 이용해왔다.

이스트 등이 대표적이다. 발효는 미생물의 생물학적 대사과정이고, 이때 만들어지는 에탄올은 대사과정의 부산물이다.

소주는 타피오카나 감자 같은 곡물을 발효시켜서 만든 순도 95퍼센트의 에탄올인 '주정'을 원료로 만들어진다. 발효과정은 탄수화물이 포함된 다양한 곡물에서 모두 일어나기 때문에, 그때그때 수급 상황을 고려해서 주정을 만드는 원재료가 바뀐다. 곡물의 종류가 달라도 만들어지는 에탄올은 당연히 화학적으로 같다. 사실 발효가 아닌 화학적 합성으로 만들어진 에탄올도 마찬가지다.

그런데 소주의 맛이 제조사에 따라 다르다고 말하는 사람들이 있다. 제조사들이 같은 주정을 이용하더라도 희석할 때 물과 함께 첨가하는 재료가 조금씩 다르기 때문에, 이는 어느 정도 타당한 이야기다. 나는 전혀 알 수 없는 이야기지만. 내 입에 소주는 다 똑같은 맛인데 제조사를 따지는 친구들을 보면 가끔 이해되지 않는다. 정말 맛이 다른가?

각설하고 소주를 화학적 합성으로 만든다고 믿는 사람들이 아직도 있는데, 오해하지 말자. 소주는 화학공장에서 만들어지지 않는다. 다른 술과 마찬가지로 발효로 만들어진다.

잊지 말아야 할 더 중요한 사실이 있다. 에탄올 자체가 세계보건기구가 지정한 1급 발암물질이라는 것이다. 자신의 건강을 위해서는 무엇보다 적절한 음주습관이 중요하다는 사실을 모르는 사람은 없다. 다만 절제의 미덕을 실천하기가 어려울 뿐.

요즘 장마

어린 시절 장맛비가 쏟아지기 시작하면 우비를 두른 후 삽 한 자루를 챙겨 동네 아저씨를 따라나서곤 했다. 모내기가 끝난 이후 한참 커가는 벼들이 있는 논이 목적지였다. 비가 많이 쏟아지기 시작하면 논둑을 터서 논에 물을 빼는 게 해야 할 일이었다. 그렇게 한참을 비를 맞으며 동네 여기저기를 누비다가 집으로 돌아오면 할 일이 또 있었다. 마당에 물이 고이지 않게 물길을 내야 했고, 지붕에 설치된 빗물받이가 막힌 곳은 없는지 꼼꼼하게 살펴야 했다.

장마 때문에 할 일이 늘기도 했지만 즐거운 추억도 있다. 내가 살던 시골 마을 앞에는 강이 있었다. 그 강은 장맛비가 오고 나면 며칠 동안은 황톳빛으로 변한 성난 물줄기를 품은 무서운 강으로 변하곤 했다. 물살이 조금 잦아들면 동네 아저씨들이 물고기를 잡으러 우르르 몰려나왔다. 아저씨들은 '족대'(물고기를 잡는 도구로 그물 가운데가 처져 있다) 아래쪽에 막대를 하나 더 대서 커다란 뜰채처럼 만든 도구를 가지고 여전히 황톳빛인 강바닥을 훑어 능숙하게 물고기를 잡곤 했다. 이런 날이면 동네 사람들이 모두 모여서 매운탕을 끓여 나누어 먹는 작은 잔치가 열렸다. 지금은 강 상류에 댐이 생겨서 장마 기간에도 강물이 황톳빛으로 변하는 일은 거의 없어졌고, 시골 마을에는 젊은 사람들이 별로 남아 있지 않아 볼 수 없는 광경이 되어버렸다. 나에게는 그립고 아쉬운 시절이다.

'장마'는 초여름에 커다란 공기 덩어리인 '기단'들이 세력 싸움을 하면서 일어나는 기상 현상을 일컫는다. 성질이 다

비는 반가울 때도 있지만 장마철처럼 오랫동안 내리는 비는 가끔 원망스럽기도 하다.

른 두 공기 덩어리가 만나면 차가운 공기는 뜨거운 공기의 아래쪽을 파고들고, 반대로 뜨거운 공기는 찬 공기를 타고 위로 오른다. 공기가 상승하면 구름이 만들어지고 비가 온다. 공기 덩어리들이 서로 비슷한 세력을 유지하며 싸우게 되면 한곳에 오랫동안 지속해서 비를 내리게 되는데, 이것이 바로 장마다. 기억이 가물가물할지도 모르지만 다 학교에서 배우는 내용이다.

조금 깊이 들어가면 몬순, 열 저기압, 상층 고기압 같은 개념들도 나오고 수증기 공급에 관한 내용도 나오는데, 머리가 점점 아파지니 자세히 알아보는 것은 다음으로 미루자. 우리나라의 경우에는 여름이 되면서 세력이 강해진 북태평양의 뜨겁고 습한 기단이 밀고 올라오면서, 북쪽의 차가운 기단과 만나는 경계면에서부터 장마가 시작된다. 이 때문에 장맛비는 보통 제주도부터 시작해서 남부·중부·북부 지방으로 올라가는 것이다.

그런데 요즘은 장마가 이상해졌다. 요 몇 년간의 장마를 살펴보면 기존의 장마와는 조금씩 다른 양상을 보이고 있다. 장마 기간이 길어져 평소보다 더 많은 비를 내리기도 하고, 거의 비가 오지 않고 끝나는 해도 있다. 뜬금없이 제주도가 아닌 중부 지방부터 장마가 시작된다거나 하는 식이니 이상해진 것은 분명하다. 장마뿐만이 아니다. 태풍은 점점 강해지고 있고, 여름철에는 예기치 못한 집중호우가 발생하기도 한다. 하나같이 예측하기 쉽지 않은데 국민의 눈높이는 높아지기만 하니, 일기예보를 해야 하는 기상청의 고충이 심할 수밖에 없다.

우리나라의 기후가 이제 아열대라고 농담처럼 말하는 사람도 있다. 동남아 같은 열대 지방에서나 볼 수 있던 스콜(오후에 내리는 소나기)이 나타나기도 하니까 그리 틀린 말은 아닌 듯하다. 하늘을 수놓는 구름도 최근에는 어딘가 그 모양이 바뀐 것 같기도 하다. 동남아에서 보던 그런 모습으로 말이다. 기분 탓인가?

그러고 보면 요 몇 년은 봄이나 가을은 느껴보기도 전에 지나가버린 것 같다. 이제는 사계절이 아니라 여름과 겨울 두 계절만 남아버린 듯한 느낌이 들 때가 많다. 이 모든 게 다 지구온난화 때문이라고 할 수는 없을지 몰라도 상당 부분은 지구온난화가 원인이 된 것은 분명하다.

자연재해가 점점 무서워진다면 다른 누구를 탓할 수 없다. 그 이유는 다른 무엇도 아닌 바로 우리 인간들 때문이니까. 그 엄중한 사실을 알려준 것이 바로 과학이다.

요즘 태풍

장마를 살펴봤으니 이제 태풍으로 넘어가보자. 태풍은 언제나 두려움의 대상이다. 빗줄기가 쏟아지는 것은 무섭지 않지만, 빗줄기와 함께 불어 닥치는 거센 바람은 공포를 더 키운다. 거센 바람 때문에 창문이 덜덜덜 떨리는 소리라도 들리면 어깨가 움츠러들기 마련이다. 거기에 마치 투명한 천이 흔들리는 것처럼 가로등 아래 빗줄기가 춤을 추고, 그 옆에 아름드리나무가 휘청거리는 모습이 더해지면 이불을 뒤집어쓰고 싶은 마음이 절로 든다.

예전에는 태풍이 온다는 예보가 있으면 학교에서도 부산을 떨어야 했다. 창문에 신문지를 붙이고, 선생님과 함께 건물 앞으로 나가 바람의 영향을 받을 만한 화분을 현관 안으로 옮겼던 기억이 있다. 어른이 되고 나서야 알았지만 사실 창문에 신문지나 테이프를 붙이는 것은 별 효과가 없다. 창문과 창틀 사이에 틈을 메워 창문 자체가 흔들리지 않도록 하는 것이 더 효과적이라고 한다. 요즘 새로 지은 학교 건물은 아마 그런 조치가 필요 없을 것이다. 다 옛날이야기다.

우리는 한반도를 향하는 태풍에 대해서는 자세히 알지만 그렇지 않은 태풍은 잘 알지 못한다. 통상 북태평양에서 한 해 20~30개 정도의 태풍이 발생하는데, 그중 몇 개만 우리나라에 영향을 준다. 태풍은 대개 7월부터 9월 사이에 한반도를 통과한다. 2019년에는 총 스물아홉 개, 2020년에는 총 스물세 개의 태풍이 발생했는데, 그중 해당 연도에 일곱 개와 여섯 개가 우리나라에 영향을 끼쳤다.

우리나라에 막대한 피해를 준 태풍들이 있다. 나이가 지긋한 어르신들은 태풍 '사라'를 많이 기억하신다. 그만큼 강렬한 태풍이었기 때문이다. 사라는 1959년에 발생한 태풍으로 우리나라에서 무려 849명의 목숨을 앗아갔다. 사라는 여전히 우리나라에서 관측된 가장 기압이 낮은 태풍으로 기록되어 있다.

그런데 태풍은 2000년대 들어서 더 강력해지고 있다. 지

우리 정부는 태풍 피해가 우려되면 국민들의 안전을 위한 조치를 취하며, 위와 같은 안내 자료를 만들어 배포하기도 한다(출처: 행정안전부).

구온난화의 영향이다. 2002년과 2003년에 태풍 '루사'와 '매미'가 우리나라에 큰 재산 피해를 주었다. 매미는 순간 최대 풍속이 초속 60미터(제주)에 달했고, 루사는 하루에 무려 870밀리미터(강릉)의 비를 뿌렸다. 순간 최대 풍속을 기준으로 보면 가장 강한 바람을 몰고 온 역대 태풍 열 개 중 여덟 개가 2000년 이후에 우리나라를 방문했다.

2022년 여름에는 태풍 '힌남노'가 우리나라를 강타했다. 특히 포항을 비롯한 경상도 지역의 피해가 심했다. 힌남노

2022년 8월 31일에 국제우주정거장에서 찍은 힌남노 사진.

는 북위 25도 이북의 바다에서 발생한 첫 번째 슈퍼태풍이었다. 재산 피해액만으로 따지면 역대 네 번째로 큰 피해를 주었다고 한다. 문제는 힌남노 같은 슈퍼태풍이 앞으로는 더 자주 찾아올 것이라는 점이다.

태풍의 이름은 우리나라를 비롯해서 태풍의 영향을 직접적으로 받는 14개국이 제출한 140개의 명칭을 적용해 정해진다. 개미, 나리, 장미, 미리내, 노루, 제비, 너구리, 개나리, 메기, 독수리는 우리나라가 제출한 태풍의 이름이다. 가끔 막대한 피해를 준 태풍이 나오면 그 태풍의 이름을 제명해

더는 쓰지 않는다. 우리나라도 과거에 큰 피해를 준 루사와 매미의 제명을 요청한 사례가 있다. 기상청은 2022년 우리나라에 막대한 피해를 준 태풍 '힌남노'도 곧 제명을 요청할 계획이라고 한다.

그런데 태풍은 지구의 입장에서 긍정적인 역할을 하기도 한다. 지구는 둥글다. 태양 빛은 위도에 따라 각도를 이루며 입사되기 때문에 적도 지방에 에너지가 많이 쌓이고 고위도 지방은 에너지가 부족하다. 태풍은 적도 지방의 에너지를 머금고 고위도 지역으로 이동해 에너지를 뿌려주는 역할을 한다. 이를 통해 지구 전반의 에너지 균형을 맞춰주는 것이다. 또 많은 비를 내리는 만큼 수자원을 공급해주는 역할도 한다. 물론 너무 많이 뿌리면 문제가 되기는 하지만.

최근에는 대기를 순환시키는 태풍의 효과가 관심을 받고 있다. 미세먼지 때문인데, 태풍은 좁은 지역이 아니라 국가 단위의 대기를 확실하게 순환시키는 효과가 있다. 바닷물이나 호수의 물도 순환시켜 녹조·적조 현상을 줄이는 데도 일정한 역할을 한다. 태풍이 주는 분명한 이점이 있다 하더라도 우리에게 주는 피해와 위험성은 여전하다. 특히 앞서 언급한 대로 태풍이 앞으로 더 강해질 것이 분명한 이상, 우리도 더 많은 대비를 해야 한다.

우리 정부는 매년 태풍·홍수 같은 자연재해 피해가 우려되는 지역을 지정하고 정비하는 재해예방사업을 추진하고 있다. 1995년 소하천 정비를 시작으로 2021년까지 27조 5,000억 원 이상을 예방사업에 투자했다. 이런 국가 차원의 투자는 자연재해에 따른 인명피해(사망·실종)가 1989년부터 2018년까지 30년간 연평균 123명에서 2009년부터 2018년까지 10년간 연평균 15명 수준으로 감소하는 성과로 이어졌다. 국가나 지자체의 대응은 물론이고 직장이나 가정에서도 적절한 대비가 필요하다.

태풍 같은 자연재해에 미리 대비하는 것만큼이나 중요한 것이 하나 더 있다. 바로 성숙한 시민의식이다. 2022년 8월 8일 서울 강남역 일대에 물난리가 났다. 그 현장에 나도 있었다. 그때는 내가 아직 회사에 다닐 때였고, 마침 사무실이 강남역 근처였다. 허벅지까지 차오른 물을 지나 두 시간 만에 집으로 향하는 빨간색 광역버스에 올랐다. 버스에 탔다는 안도감도 잠시, 그 버스가 물로 가득 찬 강남대로를 지나 고속도로에 진입하는 데만 또 두 시간이 걸렸다. 그날 하루 서울에 쏟아진 비의 양은 약 380밀리미터였다. 8월 8일부터 9일까지 48시간 동안 내린 비의 양은 500밀리미터 이상이었다. 이날 강남역 물난리를 상징하는 두 사람이 세간에 크게 회자되었다. 이른바 '서초동 현자'로 불린 침수된 차량 위의 남성과 '강남역 슈퍼맨'이다.

이날 물난리의 원인은 정체전선이었다. 워낙 비가 많이 오기도 했지만, 피해가 더 커진 데는 다른 이유도 있다. 누군가

무심코 버린 담배꽁초와 전단지 같은 쓰레기가 배수를 막아 침수 피해를 더 크게 키운 것이다. 배수구를 막고 있던 이 쓰레기를 맨손으로 치워 물이 빠지도록 조치해 여러 방송매체와 SNS를 통해 훈훈한 감동을 선사한 사람이 바로 '강남역 슈퍼맨'이다. 아무리 대비를 잘한다 해도 피해가 없을 수 없다. 그럴 때일수록 현명하게 대처하려는 성숙한 시민의식이 필요하다. 바로 '강남역 슈퍼맨' 같은 대처 말이다.

잠 못 이루는 밤

나는 남들보다 땀이 많은 체질이라서 여름을 좋아하지 않는다. 땀 때문에 옷이 몸에 달라붙기 시작하면 기분이 여간해서 좋아지지 않는다. 그래도 요즘은 에어컨이라도 맘껏 틀지만 결혼하기 전에 에어컨도 없이 혼자 살 때는 선풍기 한 대로 더위를 견뎌야 했다. 특히 힘들게 잠을 청해야 했던 무더운 밤은 정말 견디기 힘들었다.

열대야는 사람을 축축 늘어지게 만들며 아무것도 할 수 없게 한다. 우리나라 기상청은 열대야를 오후 6시부터 다음 날 오전 9시 사이의 최저기온이 섭씨 25도를 넘는 날로 정의한다. 열대야라는 용어는 일본에서 온 말인데, 일본에서는 밤 최저기온이 섭씨 30도를 넘는 날을 초열대야라고 따로

이제 선풍기만으로는 날이 갈수록 심해지는 열대야를 이겨내기가 점점 어려워지고 있다.

부르기도 한다.

열대야가 매년 사회적 쟁점이 되는 나라는 우리나라를 비롯해 일본, 중국 등 동아시아 지역이다. 중동이나 동남아시아 같은 지역도 밤 최고기온이 섭씨 25도를 넘는, 우리 기준의 열대야 현상이 자주 나타난다. 하지만 항상 기온이 높은 지역이라는 특성 때문에 우리나라처럼 민감하지는 않다.

우리나라의 밤이 더운 데는 몇 가지 이유가 있다. 먼저 우리나라의 여름은 장마와 태풍으로 습도가 높은 기간이라는 것이 큰 이유다. 습도가 높으면 공기의 온도가, 즉 기온이 쉽게 떨어지지 않는다. 물의 비열이 크기 때문인데, 밤에 같은 양의 에너지를 빼앗겨도 건조한 공기보다 습한 공기는 온도가 조금밖에 떨어지지 않는다. 큰 대접과 작은 종지에서 같은 양의 물을 덜어내면 종지의 물 높이는 많이 낮아지지만, 대접은 물을 덜어낸 티도 잘 나지 않는 것과 같은 이치다.

또 다른 이유는 도시의 열섬 현상 때문이다. 아스팔트와 콘크리트로 만들어진 도시는 낮 동안 태양열을 받아 뜨거워지는데, 해가 진 이후에는 도시를 데우는 난로 역할을 한다. 여기에다 에어컨 실외기처럼 열기를 내뿜는 존재들도 상당히 많다. 우리나라는 전체 인구 중 도시 지역에 거주하는 비율이 90퍼센트를 넘는 나라다. 열대야를 느끼는 사람이 더 많을 수밖에 없다.

숲이나 공원이 주변에 있으면 열섬 현상이 줄어든다. 나무와 숲이 햇빛을 받아 지표면이 직접 가열되는 것을 막아주기 때문이다. 그러므로 도시에서 멀어질수록 열대야는 약해진다. 실제로 도심보다 한적한 교외나 시골이 열대야가 조금 덜하다. 시내에 녹지를 확충하기 위해 노력한 일부 지자체들은 도심의 온도가 낮아지는 효과를 보고 있다.

열대야도 지구온난화와 관련이 깊다. 우리나라에서 기상관측을 시작한 이래로 밤 최저기온이 30도를 넘어선 것은 2013년(강릉)이 최초다. 서울에서도 2018년에 밤 최저기온이 30도를 넘은 적이 있다. 참고로 2018년은 기록적인 폭염이 있었던 해다. 앞으로도 무더운 여름은 계속될 것이다.

열대야의 가장 심각한 부작용은 무엇보다 불면이다. 열대야에서 비롯된 불면증이 계속되면, 우울증으로 이어질 수 있기에 더더욱 조심해야 한다. 실내 온도를 섭씨 25~26도로 맞추고 습도는 50퍼센트 이하로 조절하는 것이 '꿀잠'을 잘 수 있는 첫 번째 조건이다. 습도가 높은 우리나라의 특성상 30도에 가까운 기온이라면 꿀잠은 안드로메다 이야기일 뿐이다.

앞서 언급한 대로 2018년은 지구 전체가 뜨거웠다. 북반구 전역은 물론이고 겨울이었던 남반구에도 불볕더위가 찾아왔다. 우리나라에서는 48명이 사망하고 4,526명이 온열질환으로 병원 신세를 졌다. 8월 1일에는 서울이 39.6도, 강원도 홍천은 41.0도라는 기상관측 사상 최고기온을 기록하기도 했다.

앞으로도 이런 폭염이 계속될까? 안타깝지만 심해지면 심해졌지 사라질 리는 만무하다. 이미 늦었다. 인류가 지금부터 탄소를 전혀 배출하지 않는다고 해도 한동안 지구의 온도는 계속 올라갈 것이다. 세계는 지금 탄소배출을 줄이기 위해 다방면으로 노력하고 있다. 하지만 지금 당장은 그 효과를 보기 어렵다. 누구를 탓해야 할까? 우선 감내하는 수밖에는 없어 보인다.

다행히 미국은 온실가스 배출을 2030년까지 2005년 대비 50~52퍼센트 감축하겠다는 목표를 제시했다. 그리고 영국은 2030년까지 1990년 대비 78퍼센트 감축하겠다고 목표

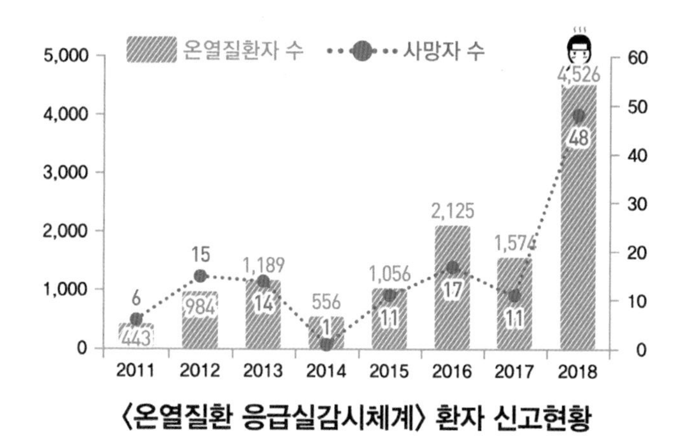

〈온열질환 응급실감시체계〉 환자 신고현황

역사상 가장 강력한 폭염을 기록한 2018년에는 온열질환에 따른 환자와 사망자 수가 급격히 증가했다(출처: 기상청).

를 상향했다. 유럽연합도 2030년까지 1990년 대비 55퍼센트 감축하겠다고 선언했다. 현재 세계에서 탄소를 가장 많이 배출하는 국가는 중국이다. 중국은 여전히 탄소 배출량이 계속 늘고 있다. 하지만 2020년에 중국 정부는 탄소 배출량 감축을 2030년 이전에 시작해서 2060년 이전에 탄소중립을 달성하겠다고 발표했다. 고무적인 일이다.

우리나라 역시 탄소중립 실현을 목표로 하고 있다. 우리나라는 2009년부터 국가 온실가스 감축 목표를 제시해왔으며, 2021년에는 세계에서 열네 번째로 온실가스 감축 목표를 법제화한 나라가 되었다. '기후위기 대응을 위한 탄소중립·녹생성장 기본법(탄소중립기본법)'은 우리나라가 2050년 탄소중립을 실현한다는 비전을 가지고 제정되었으며, 우리나라는 이 법에 따라 2030년까지 2018년 배출량 대비 35퍼센트 이상 감축해야 한다.

우리나라의 누적 탄소배출 기여도는 전 세계 18위 수준이다. 우리나라가 1950년부터 2020년까지 배출한 이산화탄소의 양은 180억 톤이 넘는다. 비록 미국이나 유럽, 중국에 비할 바는 아니지만, 결코 적은 양은 아니다. 우리나라도 지구온난화에 대한 책임이 있다는 뜻이다.

국제에너지기구IEA에 따르면 2022년 전 세계의 화석연료 이산화탄소 배출량은 338억 톤에 이를 것이라고 한다. 엄청난 양일 뿐 아니라 2021년보다 늘어난 숫자다. 다만 증가율이 2021년에는 전년 대비 6퍼센트에 달했지만 2022년에는 1퍼센트 미만으로 낮아졌다는 데 의미가 있다. 일단 이렇게 계속 줄여나가면 된다. 우리가 해야 하는 일은 이산화탄소 배출 감축이 계획대로 잘 이행되고 있는지 항상 살펴보는 것이다. 우선 우리나라부터.

순식간에 모든 것을 쓸어가는 산사태

2011년 7월 서울 도심 한복판에서 산사태가 일어났다. 그 당시 아내가 남부순환로를 지나는 버스로 출퇴근을 하고 있

우면산 산사태로 큰 피해를 입은 아파트 단지. 산사태는 참혹한 결과를 가져오기도 한다 (출처: 위키미디어).

었다. 산사태로 흙더미에 묻혀버린 바로 그 도로다. 나는 당시 해외 출장 중이라 문제의 심각성을 알지 못했는데, 귀국 후에 아내의 이야기를 듣고 정말 깜짝 놀랐던 기억이 있다.

산사태는 경사면을 따라 바위나 흙 등이 갑자기 무너져 내리는 현상을 말한다. 폭우나 지진 또는 화산활동으로 산이 무너져 내리는 것도 산사태라고 부른다. 세부적으로는 흙이 무너져 내리는 '산사태'와 흙이 물과 섞여 빠르게 유출되는 '토석류'로 나뉘지만, 일반적으로 모두 산사태로 통칭

한다. 산사태의 주된 원인은 집중호우다. 많은 물은 산도 움직이게 한다.

땅을 파 내려가면 일정 두께의 흙이 나오고 그 아래에 자리 잡은 거대한 암반이 나온다. 이를 기반암이라고 한다. 우리가 흔히 보는 산도 마찬가지로 기반암을 가지고 있다. 커다란 산을 세로로 잘라 단면을 본다고 쳤을 때 일정한 경사를 이루는 큼직한 바위를 다시 흙이 감싸고 있다고 생각하면 된다.

경사면에 놓여 있는 물체는 미끄러질 수 있다. 긴 판자에 신발 한쪽을 올려놓고 판자 한쪽을 천천히 위로 들어 올려 경사를 점점 가파르게 만들다 보면, 어느 순간 신발이 아래쪽으로 미끄러진다. 등산화는 높은 각도까지 버티지만, 오래 신은 슬리퍼는 조금만 들어 올려도 미끄러지기 마련이다.

산 사면의 각도(경사도)는 변하지 않지만, 기반암 위 흙의 마찰력은 상황에 따라 변한다. 흙이 물을 흠뻑 머금으면 마찰이 작아진다. 오래 신은 슬리퍼처럼 말이다. 특히 흙과 모래 입자들 사이에 물이 스며들어 수압이 높아지면 마찰력이 거의 사라지면서 토양 자체가 '액체'처럼 움직이는 현상이 일어나기도 한다.

당연히 산의 경사가 급할수록 산사태가 일어나기 쉽다. 그리고 일반적으로는 나무가 없는 이른바 벌거숭이산도 산사태 위험도가 높다. 숲이 울창하면 산사태의 위험도가 낮아

계곡에 설치되는 사방댐은 산사태 피해를 줄여주는 역할을 한다(출처: 산림청).

진다고 알려져 있는데, 나무의 뿌리가 토양을 잡아주기 때문이다. 토양과 기반암의 종류, 토층의 두께도 산사태 위험도에 영향을 준다.

비가 쏟아지는 날, 내가 사는 집이나 직장 근처에 산이 있으면 괜한 걱정이 들 수도 있다. 과거에 산사태가 일어났던 지역이라면 그 걱정은 더 커지기 마련이다. 내가 생활하는 지역의 산사태 위험도를 어느 정도 가늠해볼 수 있는 방법이 있다. 산림청에서는 '산사태 정보시스템'을 운영하고 있다. 이 시스템이 제공하는 '산사태 위험 지도'를 통해 내가 사는 지역의 산사태 위험도를 등급으로 확인할 수 있다. 아직 지역별로 세부적인 지형 특성까지 모두 반영하지는 못했지만, 우리 같은 일반인들에게는 매우 유용한 정보를 제공해줄 수 있다. 비가 많이 내리면 위험 지역에는 산사태 예보가 발령되고, 재난문자도 발송된다.

정부에서는 산사태 위험도가 높은 지역에 대해서는 산사태를 예방할 수 있는 사방사업도 추진하고 있다. 산사태로 무너진 사면을 더 무너지지 않게 복구하거나 토석류 발생이 우려되는 지역에 '사방댐'을 만들어 미리 예방하는 사업이다. 천재지변과 자연재해는 미리 대비하면 피해를 줄일 수 있다. 다만 완전히 막을 수는 없다.

가끔 산을 오르다 보면 사방댐을 볼 수 있다. 같이 산을 오르던 분들이 산속 계곡에 흉물을 설치해뒀다고 투덜대는 경우가 가끔 있는데, 일일이 무엇인지 설명해드리기에는 아직 내 오지랖이 넓지는 않다. 사방댐은 물의 속도를 줄여 침식을 억제하고 산사태가 일어나도 피해가 아래쪽으로 이어지는 것을 도중에 차단해주는 중간 밸브 역할을 하는 중요한 구조물이다. 꼭 필요해서 설치한 것인 만큼 흉물이라고 타박하기 전에 어떤 기능을 하는 구조물인지 알아보려고 노력하는 것이 좋지 않을까.

요즘 여름이 되면 구름이 몰려와 갑자기 많은 비를 쏟아내고 사라지는 일이 잦다. 계속해서 비가 많이 오면 산사태의 위험도는 커질 수밖에 없다. 비가 온 지 얼마 되지 않아 약해진 지반으로 다시 폭우가 쏟아지는 때가 가장 위험하다.

앞서 살펴본 2011년 우면산 산사태도 약해진 지반 위로 쏟아진 폭우가 원인이었다. 2011년 6월 중순부터 7월 중순까지 서울 지역 강수량은 총 800밀리미터가 넘었다. 장마 기간임을 고려해도 많은 양의 비다. 그 이후 산사태가 발생한 7월 27일 하루 동안 서초구에는 400밀리미터에 육박하는 비가 다시 내렸고, 그 시기에 산사태가 발생했다. 꺼진 불도 다시 봐야 하듯, 비 온 뒤 다시 쏟아지는 비는 항상 조심해야 한다.

4장

기술이 안겨준 혜택

열의 이동을 차단하다

올해 초등학교 4학년이 되는 딸아이는 2020년에 코로나19 탓에 제대로 된 입학식도 치르지 못하고 초등학생이 되었다. 일주일에 한 번 학교에 나갔다. 1년이 지나자 그 횟수가 늘었고, 지금은 매일매일 학교에 나가고 있다. 다행스러운 일이 아닐 수 없다. 초등학생이지만 등굣길에 메야 하는 가방의 무게는 상당하다. 그 무게에 일조하는 것이 하나 있다. 바로 물을 담은 보온병이다.

"아침에 담은 물이 아직도 시원해!"

무게 때문에 짜증이 날 만도 한데 보온병에 담긴 물이 저녁때도 시원하다는 사실이 여전히 신기하기만 한 모양이다. 코로나19 확산 우려로 학교에서 복도에 설치된 냉온수기를 한동안 쓰지 못하게 조치했기 때문에 학생들은 마실 물을 각자 가져가야 했다. 1학년 때부터 시작된 일이 여전히 이어지고 있다. 그나마 다행스러운 점은 아이가 학교에 가기를

보온병은 병 내부와 외부의 열 교환을 차단해 안에 들어 있는 내용물의 온도를 유지하는 역할을 한다.

좋아한다는 것이다. 급식이 정말 맛있다나 뭐라나.

지금은 급식이 당연하지만, 30년 전만 해도 급식하는 학교가 많지 않았다. 나는 운이 좋았는지 지역에서 가장 먼저 급식을 시작한 초등학교에 다녔다. 그래서 초등학교 때는 도시락을 싸서 들고 다닐 일이 없었다. 중학생이 된 후에는 도시락을 가지고 다녔는데, 그때 친구 녀석이 들고 온 보온 도시락을 처음 봤다. 점심시간에 뚜껑을 열어도 모락모락 김이 나는 국그릇은 정말 신기했다.

보온병이나 보온 도시락은 원리가 같다. 사실 특별한 원리가 있는 것은 아니다. 열의 이동을 막으면 된다. 초등학교 몇 학년 때 배우는지 정확히 기억나지는 않지만, 우리는 열의 이동에 대해 모두 배웠다. 열이 이동하는 방법은 크게 세 가지가 있다. 바로 '전도', '대류', '복사'다. 그 현상이 일어나지 않도록 하는 것이 원리라면 원리다.

전도는 고체에서 일어나는 열 이동 방식으로 한 입자에서 옆의 다른 입자로 열이 이동하는 것이다. 삼겹살을 굽기 위해 가스 불 위에 올려놓은 불판이 골고루 뜨거워지는 이유는 바로 전도 때문이다. 대류는 열을 받은 입자가 직접 이동하는 현상을 말하는데, 액체와 기체의 열 이동 방식이다. 뜨거운 공기가 위로 올라가고 찬 공기가 아래로 내려오는 것이 대류다. 마지막으로 복사는 열이 중간에 입자의 매개 없이 직접 이동하는 방식이다. 추울 때 난로에 손을 쬐면 바로 따뜻함을 느끼는데, 복사를 이용해 열을 전달받기 때문이다. 보온병 안의 물이나 커피가 식지 않게 하기 위해서는 열이 이동하지 않도록 해주면 된다. 열이 이동하는 방식이 위의 세 가지이므로 이 현상이 일어나지 않도록 하면 되는 것이다.

보온병은 이중구조로 되어 있다. 안쪽 용기와 바깥쪽 용기가 있고 두 용기 사이는 비어 있다. 이렇게 하면 전도나 대류를 최소화할 수 있다. 안쪽 용기와 바깥쪽 용기가 맞닿는 부분을 최소화하고, 그 부분은 열이 잘 전달되지 않는 소재로 만들면 보온 효과를 더 높일 수 있다. 그리고 보온병 내부는 복사를 통해 열이 손실되는 것을 막기 위해서 은 같은 물질로 코팅되어 있다. 이렇게 세 가지 열 전달 방식을 무력화시키는 것이 바로 보온병의 원리다.

요즘 장거리 운전을 할 때면 아내가 건네는 보온병부터 챙기게 된다. 뜨거운 커피가 담긴 보온병은 몇 시간 후에 뚜껑을 열어도 여전히 뜨거운 상태를 유지하고 있어 갓 내린 커피 맛을 즐길 수 있다. 진한 커피 향은 졸음을 물리치는 데 특효다. 가만히 보면 머릿속에 과학을 더 많이 넣고 사는 쪽은 나일지 모르지만, 실생활에서 더 잘 활용하는 사람은 아내다. 어쩌면 최고의 과학 원리 활용 능력자는 여러분 가까운 곳에 있을지도 모른다.

PC에 대한 추억

초등학생이던 시절 읍내에 있는 컴퓨터 학원에 다녔다. 컴퓨터가 뭔지도 몰랐지만, 친구를 따라간 컴퓨터 학원은 정말 신기한 곳이었다. 거기서 배우는 것은 '베이직BASIC'(외래어 표기법에 따르면 '베이식'이 정확하지만, 통상 베이직이라고 불렀다) 이라는 프로그램 언어였다. 요즘은 '엔트리'나 '스크래치' 같은 블록형 코딩 프로그램부터 배우지만 그때는 그런 게 없었다. 그 당시에는 베이직이 단어의 뜻대로 기본이자 시작이었다. 그런데 나의 관심을 사로잡은 것은 베이직이 아니었다. 같이 학원에 다니던 형들이 구석에 있는 컴퓨터 한 대에 몰래 모여서 하던 게임이었다. 그 덕분에 베이직은 제대로 배우지도 못했다. 물론 그때 베이직을 열심히 배웠다고 해도 실력 있는 프로그래머가 되지는 못했겠지만.

그 당시 컴퓨터는 가로로 넓적한 본체 위에 CRT 모니터가 얹혀 있는 모양이었다. 컴퓨터 본체에는 '플로피디스크'를 넣을 수 있는 길쭉한 구멍이 두 개나 있었다. 그것도 5.25인치짜리 디스크였다. 5.25인치 플로피디스크의 용량은 1.2'메가'바이트였다. '기가'나 '테라'가 아니다. 하드디스크는 아예 없어서 PC를 구동시키기 위해서는 먼저 부팅용 DOS디스크를 넣어야 했다. 게임을 하려면 부팅이 된 후에 DOS디스크를 빼고 게임이 들어 있는 다른 플로피디스크를 넣고 실행시켜야 했다. 요즘 컴퓨터와는 아예 비교할 수 없을 정도로 손이 많이 가는 컴퓨터였다. 컴퓨터를 실행할 때도 마우스를 몇 번 클릭하면 되는 것이 아니라 직접 자판으로 텍스트를 쳐서 명령어를 입력해야 했다. 그때 마우스가 있었는지는 정확히 기억나지 않는다.

여담이지만 아래아한글이나 MS오피스 같은 여러 가지 상용 프로그램 중 상당수는 저장을 뜻하는 아이콘이 3.25인치 플로피디스크 모양이다. 요즘 학생들은 왜 저장 버튼이 그렇게 생겼는지 모른다. 3.25인치 플로피디스크 자체를 본 적이 없기 때문이다. 테라급 용량을 자랑하는 USB 메모리가 있는 세상이니 당연한 일이기는 하다.

과거에 쓰이던 가정용 PC와 강력한(?) 저장매체로 애용된 플로피디스크(출처: 위키미디어).

그 당시 내가 가장 많이 했던 게임은 '더블 드래곤'이었다. 지금으로 따지면 거리를 지나며 악당들을 쓰러뜨리는 횡스크롤 액션게임이었다. 무엇보다 두 명이 같이 게임을 할 수 있어서 동생과 다투지 않고 함께 시간을 보낼 수 있다는 게 장점이었다. 그때까지 그런 것을 전혀 접해보지 못했던 나에게 컴퓨터와 게임은 그야말로 신세계였다.

그 게임 때문이었을 것이다. 컴퓨터를 일찍부터 접했지만, 프로그래밍은커녕 MS오피스 같은 상용 프로그램을 활용하는 실력도 썩 좋지 못한 이유 말이다. 컴퓨터를 쓰는 주된 목적이 게임이었으니. 사실 지금 생각해보면 그때 부모님을 조르고 졸라서 비싼 286 컴퓨터까지 마련해놓고 결국 게임밖에 하지 않은 것이 부모님께 죄송스러울 뿐이다.

대학생이 된 이후에는 항상 내 컴퓨터가 있었다. 지금도 태블릿과 PC, 개인적으로 쓰는 노트북과 또 다른 태블릿, 거기다 스마트폰까지 매일 만지는 컴퓨터만 해도 네다섯 대가 넘는다. 이제는 컴퓨터 없이는 일뿐만 아니라 어떻게 생활을 할 수 있을지 상상할 수 없게 되었다. 스마트폰도 컴퓨터라는 점을 잊지 말자.

PC(Personal Computer)는 말 그대로 개인용 컴퓨터다. 그 이전까지는 국가 연구기관 같은 곳에서 프로젝트에나 쓰는 거대한 물건이 컴퓨터였는데, 개인용으로 보급했다는 뜻이다. 최초의 PC는 IBM과 HP에서 발매했는데, PC라는 말 자체가 IBM의 상품명에서 유래되었다. 본격적으로 보급되기 시작한 것은 1980년대부터다.

그 이후 PC는 각 부품 기술이 발전하면서 성능이 점점 개선되어왔다. PC의 두뇌라 할 수 있는 CPU는 8비트에서 시작해서 64비트까지 성능이 발전했고, 지금은 코어를 여러 개 가진 CPU가 보편화되었다. 디스플레이도 흑백 CRT 모니터에서 지금은 레티나, OLED 같은 첨단 디스플레이 기술의 발전으로 선명한 컬러 이미지를 보여주면서도 공간은 더 작게 차지하는 모니터로 발전했다.

메모리나 저장매체의 속도와 용량도 놀랍게 발전했다. 운영체제도 텍스트 기반으로 명령어를 입력하는 MS-DOS에서 윈도로 변화했다. 이제는 원격으로 저장하고 언제나 접속해서 가진 파일을 관리할 수 있는 클라우드가 대세다. 하루가 다르게 새로운 기술과 소프트웨어가 나오고 있고 끊임없이 발전하는 게 바로 컴퓨터다.

컴퓨터는 도구다. 농사일을 할 때 쓰는 삽이나 호미, 요리할 때 쓰는 냄비나 칼과 같이 모양은 다르지만, 본질은 같다. 사람이 도구를 쓰는 이유는 맨손으로 할 때보다 훨씬 효율적이기 때문이다. PC가 보편화되면서 전 세계적으로 일의 효율이 엄청나게 높아졌다.

컴퓨터는 인간의 활동에 엄청난 이점을 제공한다. 사료를 쉽게 정리할 수 있게 되었고, 엑셀 같은 프로그램을 활용하

핀란드 IQM사의 양자 컴퓨터. 양자 컴퓨터는 양자 중첩 현상 등 양자 원리를 활용하는 컴퓨터다(출처: 위키미디어).

면 과거에 몇 사람이 며칠이나 몇 주에 걸쳐서 하던 일을 몇 분 만에 정리할 수 있게 되었다. 그리고 인터넷이라는 녀석이 발전하면서 언제 어디서나 자료를 찾고 멀리 떨어진 이들과 협업하는 것도 가능해졌다.

최근에 양자 컴퓨터가 대중의 큰 관심을 받은 적이 있다. 양자 중첩을 비롯한 여러 양자역학적 원리를 이용하는 컴퓨터인데, 기존의 IC칩을 이용한 컴퓨터보다 훨씬 성능이 뛰어나다고 한다. 아직은 갈 길이 멀지만, 만약 지금 우리가 쓰고 있는 PC처럼 누구나 양자 컴퓨터를 쓰는 세상이 된다면 어떨까? 인간의 활동 영역은 다시 한 번 우리가 생각지도 못한 부분까지 확대될 것이다.

"내가 회사에 처음 입사했을 때는 PC가 없었어. 타자기 썼어. 아, 근데 허 연구원은 타자기 본 적 있나?"

전 직장에서 같이 일하던 나이 지긋한 선배님이 하신 말씀이다. 아마 나도 20년 후에 어린 친구들에게 이와 비슷한 이야기를 하지 않을까?

"나 때는 양자 컴퓨터가 아니라 IC칩 기반 컴퓨터를 썼어. 그뿐인 줄 알아? 키보드를 직접 손으로 두들겼다니까? 아, 키보드가 뭔지 모르나?"

신이 내린 축복, 에어컨

대학에 입학하고 서울로 옮겨온 이후, 기숙사에도 살았고 중간에 잠깐 동생들과 함께 살기도 했지만, 결혼하기 전까지 가장 긴 기간을 혼자 살았다. 조금 넓은 집으로 옮기고 싶다는 생각이 들어 어느 빌라에서 2년 정도 산 적이 있다. 문제는 그 빌라가 제일 꼭대기층이었다는 것이다. 그곳의 여름은 불지옥이었다.

한여름에 작열하는 태양이 올려놓은 온도는 쉽게 내려가지 않았다. 밤에도 마찬가지여서 그 집은 늘 열대야였다. 탑층 한정 열대야. 두 번의 여름을 선풍기 하나로 버텨냈다. 밤마다 땀으로 목욕했는데, 그때 살았던 그 집에 대한 추억이라고는 끔찍하게 더웠던 기억 하나뿐이다. 기억하고 싶지 않은 일도 추억이라고 할 수 있다면 말이다. 그런데 왜 그때 에어컨을 설치하지 않았을까? 아마 돈이 궁했거나 '귀차니즘' 때문이었으리라.

요즘은 거의 모든 집, 사무실, 상가에 에어컨이 있다. 새롭게 지어지는 건물은 시스템 에어컨이 설치된다. 시스템 에어컨까지는 아니더라도 에어컨을 설치할 공간과 배관은 설계 단계에서부터 고려해야 하는 필수 요건이 되었다. 여름에 더위를 피하는 것이 우리 생활에서 중요한 요소가 되었다는 증거다. 예전에는 남향에 해가 얼마나 잘 드는지가 좋

에어컨 실외기가 줄줄이 설치된 건물의 벽면. 여름철 실외기가 내뿜는 열기는 상당하다. 도심을 더 뜨겁게 만드는 원인 중 하나가 바로 실외기다.

은 집의 요건이었다면, 요즘은 여름에 얼마나 시원한지가 중요한 집의 요건이 된 것이다.

우리나라의 여름은 보통 6~8월을 의미한다. 한데 2016년에는 9월 기온이 6월 기온보다 높았다. 이제 9월까지 여름이 된 것이다. 실제로 점점 더워지고 있다. 기상청 자료에 따르면 1973년부터 2017년까지 지역에 따라 0.5도에서 많게는 2도가량 평균기온이 상승했다고 한다. 2018년의 그 미친 듯한 폭염을 제외한다고 해도 말이다.

기후변화는 우리나라만의 문제가 아니다. '기후변화에 관한 정부 간 협의체IPCC'가 2014년에 발간한 보고서에 따르면, 1880년부터 2012년까지 133년간 지구의 온도는 섭씨 0.85도 상승했다. 현재를 기준으로 지난 140년간 가장 더웠던 17년은 모두 2000년 이후였다. 우리는 점점 더 더워지는 날씨에 적응해야 한다. 중동이나 동남아처럼 날씨가 더운 지역의 상점들은 거의 1년 내내 에어컨을 켜놓는다. 어쩌면 몇 년 지나지 않아 우리나라도 1년에 절반 이상은 항상 에어컨을 켜야 하는 지역이 될 수도 있다.

자연이라는 것은 참 신기해서 어딘가가 시원해지면 그 열(에너지)은 다른 어딘가로 이동한다. 에어컨은 실내를 시원하게 만들지만, 집 밖은 덥게 만든다. 도심 한복판의 조금 허름한 골목에 가면 에어컨 실외기가 줄지어 설치된 곳을 어렵지 않게 찾을 수 있다. 그 골목의 여름은 불가마 못지않다.

수십 대의 실외기가 모두 열기를 쏟아내기 때문이다. 기온의 불균형을 만들어내려면 에너지도 많이 들어간다. 지금은 에어컨의 효율이 예전보다 높아졌지만, 과거에는 전기요금이 무서워 에어컨을 맘대로 틀지 못하는 집이 많았다.

에어컨이 엄청난 에너지를 소비하고 여름철 도시를 더 뜨겁게 만들고 있다고는 하지만, 개인적으로는 인류 역사상 최고의 발명품 중 하나라고 생각한다. 에어컨은 우리 삶의 질을 높이는 데 반드시 필요한 가전제품이다. 에어컨을 발명한 캐리어(에어컨 회사 '캐리어'의 창업주)는 노벨상을 받았어야 했다.

에어컨의 원리는 간단하다. 물질은 고체, 액체, 기체로 상태가 변할 때 에너지를 흡수하거나 내놓는다. 우리가 물을 끓이면 액체인 물이 기체인 수증기로 변하는데, 이는 액체 상태인 물 분자가 에너지를 얻어서 기체로 변하기 때문이다. 반대로 수증기는 에너지를 빼앗기면 상태가 다시 물로 바뀐다. 에어컨에서 일어나는 일도 이와 유사하다. 에어컨은 보통 실내기와 실외기로 구성되어 있는데, 실내기에서는 액체 상태의 냉매가 기체로 바뀌면서 주변의 에너지를 흡수하고, 실외기에서는 기체 상태인 냉매가 액체로 변하면서 에너지를 방출한다. 이 때문에 방 안은 시원해지고 건물 밖에 설치된 실외기에서는 뜨거운 바람이 나오는 것이다.

에어컨의 작동 방식을 반대로 돌리면 난방기의 역할도 한다. 대다수 가정집은 난방을 보일러가 담당하므로 에어컨은 냉방 기능만 있지만, 사무실이나 공장에서 쓰는 에어컨은 냉방과 난방이 모두 가능한 경우가 많다. 캐리어는 에어컨만 발명한 것이 아니다. 난방기도 발명했다.

에어컨을 발명해 인류에게 축복을 내린 캐리어.

2009년에 대학원을 졸업하고 직장생활을 시작했다. 3월이었다. 한겨울은 아니지만, 여전히 쌀쌀한 날씨에 종종 한기를 느끼는 시기다. 한데 직장 선배가 출근하면 항상 에어컨 리모컨부터 찾는 게 아닌가? 고백하자면 난 며칠간 '저 분은 참 열이 많은 모양이다'라고 생각했다. 지금 돌아보면 조금 부끄러운 일이지만, 번듯한 건물에서 일해본 적이 없으니 어쩔 수 없었다고 스스로 위로하고는 한다.

어찌 되었거나 여름에는 실내가 좋다. 웬만하면 밖에는 나가고 싶지 않다. 에어컨 때문에 시원한 실내가 좋은 것인지, 에어컨 때문에 더 무더워진 밖이 싫은 것인지 헷갈리지만 말이다.

어두운 밤, 우리 주변을 비추는 LED

층간소음으로 고생하던 우리 식구가 1년 동안 준비해서 이사한 곳은 작은 단독주택이었다. 아파트를 떠나 번갯불에 콩을 굽듯 이것저것 알아보고, 설계하고, 시공하고, 이사를 했다. 그 시간이 1년이 채 걸리지 않았다. 짧은 시간이었지만 대충 준비하지는 않았다. 건축사와 여러 번 만나 우리가 원하는 바를 논의했고, 건축사도 최대한 반영하려고 노력했다. 다만, 예산 문제로 담아내지 못한 것들이 많아서 아쉬웠을 따름이다.

그 집으로 이사를 하고 장모님이 오셨다. 그런데 장모님이 보시기에는 집이 좀 이상한 모양이었다. 장모님 눈에 당연히 있어야 할 것이 안 보였기 때문이다. 우리의 새로운 집에는 형광등이 하나도 없다. 거실이나 방 한가운데를 차지하는 일반적인 등기구도 전혀 없다. 천장 여기저기 직경 10센티미터 정도의 구멍이 뚫려 있고, 그 자리에 작은 LED 전구가 하나씩 자리 잡고 있을 뿐이다. 어찌 보면 가정집보다는 카페나 음식점에 어울리는 조명이다. 나도 처음에는 그 작은 녀석 몇 개로 방 전체를 환하게 밝힐 수 있을지 우려가 되었지만 기우였다. 조그마한 LED 전구 한두 개가 화장실과 욕실까지 책임지고 있는 우리 집은 절대 어둡지 않다.

예전 학교에서는 전기와 관련된 실험을 할 때면 집게 전

LED는 조명과 전자기기 등에도 쓰이지만, 가정용 식물등처럼 여러 가지 분야에서 활용되고 있다.

선과 함께 꼬마전구를 이용했다. 아직도 꼬마전구를 쓰기는 하지만 많은 과학실험에서 전류가 흐르는지 확인하는 역할은 긴 다리 두 개를 가진 LED로 대체되었다. LED는 일상생활에도 많이 쓰인다. 대표적으로 실내를 밝히는 등기구로 예전에는 형광등이 많이 쓰였지만, 이제는 백색 LED가 대체해가고 있다. 또한 경기장의 전광판, 건널목의 신호등, 자동차의 각종 램프, 소방시설 등에도 널리 쓰인다. 또 LED는 텔레비전 같은 디스플레이를 만드는 소재로도 점점 그 영역을 넓혀가고 있다.

발광다이오드Light Emitting Diode를 뜻하는 LED는 쉽게 말하면 빛을 내는 반도체의 일종으로, 전기가 흐르면 빛을 내는 장치다. 2014년에는 청색 LED를 만든 공로로 일본 과학자 세 명이 노벨상을 받았다. 빨간색과 녹색 LED는 이미 개발되어 있었다. 빨간색과 녹색은 청색과 함께 빛의 3원색을 이룬다. 이 세 가지 색이 있어야 다양한 색을 표현할 수 있다는 뜻이다. 청색 LED가 발명되고 나서야 LED를 활용해서 다양한 색을 표현하는 것이 가능해졌다. 지금 우리가 매일 보고 있는 스마트폰이나 텔레비전이 이런 기술 덕택에 만들어진 것이다.

LED는 필요한 전기의 양이 적어 효율적으로 쓸 수 있다는 장점이 있다. 또 LED는 우리 눈에 보이는 가시광선뿐 아니라 적외선이나 자외선을 낼 수도 있다. 앞서 살펴본 청

우리는 이미 학교와 회사, 가정에서 여러 대의 LED 기반 디스플레이를 쓰고 있다.

색 LED는 강한 살균효과도 가지고 있다. 이런 특성 때문에 LED는 전기가 부족한 저개발국에 밤을 밝히는 데 도움을 줄 수 있으며, LED의 살균력은 위생개선에도 효과적이다. 농업에서도 식물의 광합성에 도움을 주는 보조광원으로 LED가 활용되고 있다. 코로나19로 집에서 식물을 기르는 사람들이 부쩍 많아지면서 식물용 LED 매출도 눈에 띄게 증가했다.

LED와 관련된 연구는 지금도 활발히 진행되고 있다. OLED, QLED, 마이크로 LED 등 용어도 다양하다. 정교함·효율·색 재현율 등이 점점 좋아지고 있고 정교한 제어가 가능해지면서 앞으로 활용 분야가 더욱 많아질 것이다. 몇몇 기업에서 가끔 상대 기업의 기술을 깎아내리며 마케팅에 열을 올리고 있지만, 소비자로서 서로 경쟁하며 더 좋고 더 값싼 여러 가지 제품을 만들어주면 고마울 따름이다.

여담이지만 중국산 싸구려 LED 전구는 웬만하면 쓰지 마시길 권한다. LED 특성상 당연히 다른 등기구보다 수명이 길어야 정상이건만, 저가제품은 전혀 그렇지 못하다. 오히려 형광등보다도 수명이 짧다. 전구와 안정기 모두 마찬가지다. 경험에서 나온 사실이니 참고하시기 바란다.

엘리베이터가 없다면?

서울에서 지방으로 가는 주요 도로인 경부고속도로나 영동고속도로를 달리다 보면 비슷한 모양의 건물을 볼 수 있다. 주변과 어울리지 않는 비교적 좁고 높이 올라간 건물이다. 영동고속도로에서는 경기도 이천을, 경부고속도로에서는 충남 천안을 지날 때 볼 수 있다. 이 두 건물은 모두 엘리베이터 제조회사의 테스트타워다.

아파트 고층에 사는 사람이 외출하려고 집을 나서는데, 엘리베이터가 고장이라면 어떨까? 상상만 해도 아찔하다. 얼마 전까지 일하던 직장의 사무실이 13층이었는데 회사에서 화재 대피 훈련을 한다고 계단을 이용해 1층으로 내려간 석

우리나라의 아파트 숲. 서울과 그 주변은 세계에서도 유명한 아파트 밀집 지역이다.

이 있었다. 한참을 내려가다 보니 어지러워서 잠시 정신이 없었다. 내려가는 게 그럴진대 만약 걸어서 올라가야 한다고 생각하면 귀가를 포기해야 할지도 모르겠다.

최초의 엘리베이터가 활용된 것은 굉장히 오래전 일이다. 지금부터 약 2,000년 전에 만들어진 로마 '콜로세움'에 엘리베이터가 설치되어 있었다고 한다. 물론 그때는 전기가 아니라 사람이나 동물의 힘으로 움직였다. 엘리베이터가 본격적으로 활용되기 시작한 것은 19세기다. 미국인 엘리샤 오티스가 현대적인 엘리베이터를 발명한 것이 그 시작으로, '오티스'는 이후 엘리베이터 회사명으로 더 유명해졌다.

요즘 엘리베이터를 움직이는 동력은 전기다. 보통 엘리베이터와 균형추를 연결하고 전기모터를 통해 엘리베이터와 균형추를 위아래로 움직인다. 균형추를 쓰는 이유는 양쪽의 균형을 맞춰 드는 힘을 적게 하기 위해서다. 또한 도르래를 활용해서 필요한 힘을 더 줄이기도 한다. 보통 엘리베이터라고 하면 아파트나 상가에서 우리가 일상적으로 쓰는 것만 생각하게 되는데 용도에 따라 다양한 엘리베이터가 있다. 화물용, 침대용, 전망용 엘리베이터도 있고 자동차를 싣는 엘리베이터도 있다. 그리고 바다 위를 떠다니는 요새인 항공모함에서 전투기를 격납고에서 갑판으로 옮겨주는 항공기 전용 엘리베이터도 있다.

엘리베이터에는 생각보다 다양한 과학기술이 적용된다. 센서를 통해 위치를 섬세하게 조절하는 기술은 기본이고 낙하 방지 장치처럼 탑승자의 안전을 보장하기 위한 기술도 적용되어 있다. 엘리베이터를 효율적으로 활용하기 위해 여러 대를 연동해서 운영하기도 하는데, 여기에도 최첨단 기술이 적용된다.

고층 건물에는 엘리베이터가 상당히 중요하다. 건물이 크고 높고 유동인구가 많을수록 엘리베이터가 많아져야 하는데, 건물 면적이 한정된 만큼 무한대의 엘리베이터를 설치할 수는 없다. 그렇기 때문에 엘리베이터가 설치되는 공간을 줄이면서도 사람들을 원활하게 수송할 수 있는 기술이 매우 중요하다.

이런 이유로 로프가 없고 위아래는 물론 좌우로도 이동할 수 있는 엘리베이터가 개발되고 있다. 좌우로 이동이 가능하다면 한 엘리베이터 라인에 여러 대의 엘리베이터를 운영할 수 있다는 장점이 있다. 1차선인 도로가 2차선으로 확대되고 옆으로 뻗은 연결도로가 추가로 만들어지는 셈이다.

우주로 물건을 운송하는 비용을 절감하기 위한 아이디어로 '우주 엘리베이터'라는 개념도 있다. 정지궤도에 해당하는 3만 6,000킬로미터 상공에 구조물을 설치하고 지구와 구조물을 연결해서 엘리베이터를 설치하자는 아이디어다. 아직 갈 길이 멀지만, 실현만 된다면 지구인이 우주로 진출하는 훌륭한 교두보가 마련되는 셈이다.

우리나라는 아파트 천국이다. 특히 수도권은 서울과 인천은 물론이고 동쪽으로 남양주, 남쪽으로 화성, 북쪽으로 의정부까지 빽빽이 아파트가 서 있다. 10층 이하의 저층 아파트도 있지만, 요즘은 30~40층이 넘는 고층 아파트도 심심치 않게 지어지고 있다. 이런 건물들이 가능한 이유는 바로 엘리베이터 덕이다.

아파트를 짓는 데는 여러 가지 이유가 있다. 아파트가 너무 많다고 불평하는 이들이 있는가 하면, 우리나라같이 좁

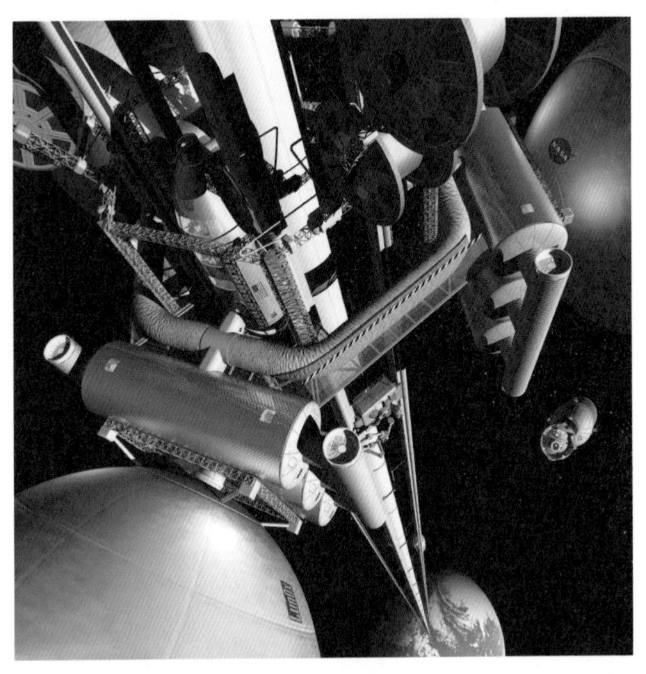

나사의 우주 엘리베이터 개념도. 고도 약 3만 6,000킬로미터의 정지궤도에서 지표면까지 이어지는 엘리베이터를 설치하는 개념이다.

은 땅에 많은 사람이 사는 환경에서는 어쩔 수 없는 선택이라고 옹호하는 이들도 있다. 무엇이 올바른 의견인지는 이 책에서 논할 주제는 아니다.

하지만 분명한 것은 건물을 그렇게 고층으로 지을 수 있는 이유도 결국 과학과 기술의 발전이 뒷받침되어 있기 때문이라는 사실이다.

더 빨리, 더 편하게 이동한다

초등학생 시절, 봄이 되고 날이 풀리기 시작하면 외출이 쉽지 않았다. 길이 문제였다. 겨우내 얼었던 땅이 녹기 시작하면 한동안 길은 진흙으로 가득 찬 뻘밭이 되곤 했다. 30년도 더 지난 과거의 일이다. 지금은 어지간한 시골 마을 도로도 모두 아스팔트나 시멘트로 포장되어 있다. 하지만 그때는 국도라면 모를까, 외진 마을로 들어가는 진입로는 당연히 비포장도로였다.

그러던 어느 날 '상습 진흙 구간'이었던 100미터 정도의 길이 시멘트로 포장되었다. 마을 어르신들이 군청에 여러 번 들러 하소연하신 끝에 성사된 일이었다. 학교에서 돌아오던 길에 그 구간을 만나면 얼마나 신기했는지 모른다. 결국 늦어서 부모님께 혼날 것도 모르고, 멈춰 서서 친구들과 달리기 시합도 하고 쿵쾅쿵쾅 발을 굴러보기도 했다. 아마 동네 어머니들은 그 포장된 길 덕분에 예전보다 아이들 신발 빨래를 조금 덜하게 되셨을 것이다.

2021년 말을 기준으로 우리나라의 총 도로의 길이는 무려 11만 킬로미터가 넘는다. 출장 때문에 지방에 갈 일이 있어 여기저기 다녀보면, 갈 때마다 내비게이션이 새로운 길로 안내해서 어안이 벙벙할 때가 한두 번이 아니다. 지금은 전국이 일일생활권이다. 무엇보다 고속철도의 역할이 컸지만,

1968년부터 1970년 사이에 개통된 우리나라 최초의 고속도로인 경부고속도로. 이 사진은 서울-수원-오산 개통 시 촬영한 것이다.

자동차를 이용해도 일부 섬 지역을 제외하면 대부분 하루에 다녀올 수 있다. 우리의 행동반경이 넓어진 것은 자동차의 발전과 대중화의 영향도 있겠지만 도로라는 기반시설의 지분이 더 크다. 아무리 잘 달리는 페라리나 포르쉐가 있다 하더라도 달릴 길이 준비되지 않으면 소용이 없다.

도로에도 많은 과학이 숨어 있다. 도로 포장에 쓰이는 아스팔트나 시멘트도 과학기술의 산물이다. 상습 침수 지역에 건설되는 도로는 물에 더 강한 포장 재료가 들어간다. 차선을 그리는 페인트에는 야간이나 빗길에도 차선이 잘 보이도록, 도포 후 자동차 전조등 불빛을 잘 반사하는 유리알을 뿌린다. 도로에 설치되는 안내 표지판은 멀리서도 잘 알아볼 수 있도록 반사도가 높은 재질로 만들어지고, LED 조명이

도로 위에 심어지기도 한다. 차가 낭떠러지로 떨어지지 않도록 하는 가드레일도 시간이 흐를수록 더욱더 안전한 모양으로 진화하고 있다.

시내 도로도 마찬가지다. 원활한 흐름을 위해서 사거리마다 신호를 연동시켜 교차로 하나에서 파란 불이 켜지면 몇 개의 교차로는 계속 파란 불이 이어지도록 한다. 신호체계도 조금 더 차량 흐름에 적합하도록 수시로 개선한다. 이동의 편의성뿐 아니라 보행자나 운전자의 안전을 보장하는 쪽으로도 꾸준히 개선되고 있다.

앞으로 도로는 더욱 똑똑해질 예정이다. 도로가 스스로 도로 상태를 점검하는 것은 물론이고, 교통체계가 더욱더 개선되어 좀 더 안전하고 효율적인 도로가 될 것이다. 예를 들어 교통량을 실시간으로 분석해 AI가 교차로의 신호체계를 제어하면, 더욱 원활한 차량 흐름이 만들어질 것이다. 도로를 이용해 태양광 발전을 한다거나 전기자동차를 충전시켜주는 실험도 진행되고 있다.

무엇보다 앞으로 도로는 자동차와 끊임없이 정보를 주고받게 될 것이다. 이는 자율주행의 발전에도 필수적이다. 자동차가 자율주행을 통해 안전하게 목적지에 다다르기 위해서는 다른 자동차, 도로와 정보를 주고받고, 그 정보를 토대로 이동경로를 정하고 그때그때 적절한 대응을 해야 하기 때문이다. 5G 같은 통신기술, 사물인터넷, AI기술 등 여러

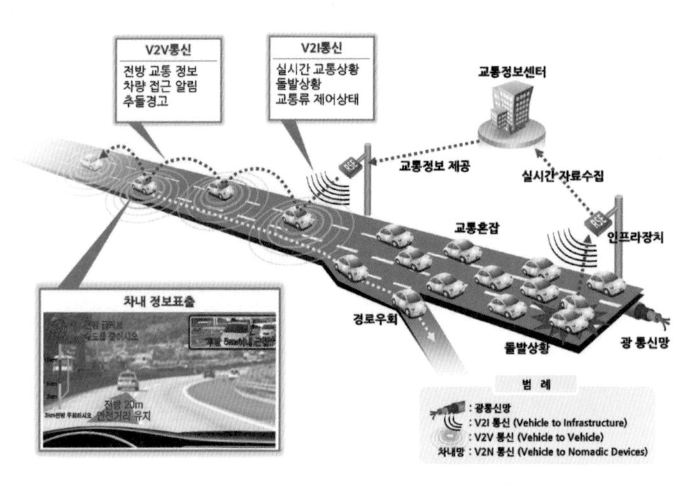

네트워크를 활용한 지능형 교통 시스템을 보여주는 C-ITS 개념도(출처: 국토교통부).

가지 최첨단 기술이 발전하면서 가능한 일이 되고 있다.

내가 싸구려 중고차를 구입하고 처음으로 자동차 주인이 되었을 당시에는 내비게이션이 없었다. 대신 전국의 도로가 자세히 안내된 지도책 한 권이 늘 차 안에 있었다. 길을 잘못 들어 가끔 '도로 끝' 표지판을 보거나 한참을 돌아가는 것은 예삿일이었다. 요즘은 확 달라졌다. 내비게이션이 길을 알려준다. 지도를 볼 필요도 없어졌고 도로 위에서 직진과 우회전을 두고 고민할 일도 사라졌다. 대신 머릿속에 저장된 도로에 대한 지식은 점점 사라지고 있다. 마치 지금 당장 외우는 전화번호가 몇 개 되지 않는 것처럼.

내비게이션이 보편화되면서 도로 옆에 세워진 표지판이

나 도로 위에 그려진 노면 표시에 큰 관심을 두지 않고 운전하는 사람이 많아졌다. 그래서 도로가 어떻게 진화하고 있는지 잘 모르는 경우가 많다. 하지만 도로는 끊임없이 개선되고 있다. 과거를 돌아보자. 얼마 전까지만 해도 교차로에 그려져 있는 좌회전 유도 차선이나 고속도로에서 볼 수 있는 분홍색·초록색의 색깔 유도선이 없었다. 도로는 앞으로도 안전하고 편리한 운전을 위해 끊임없이 진화할 것이다.

과학기술이 만든 축지법, 터널

자동차를 타고 터널을 지날 때면 가끔 깜짝깜짝 놀라곤 한다. 아무리 조명이 있다고는 하지만 터널은 기본적으로 어둡다. 한낮의 쨍쨍한 햇빛 아래에서 갑자기 어두운 터널로 진입하는 것은 마치 거대한 용의 입안으로 들어가는 듯한 착각을 불러일으킨다. 어둠에 눈이 익숙해질 무렵 다시 쨍쨍한 햇빛 아래로 나오면, 이때는 반대로 그 눈부심에 앞이 잘 보이지 않아 운전대를 잡은 손에 힘이 잔뜩 들어가기도 한다.

두 도시를 연결하는 도로를 건설할 때 가장 빠른 길을 내는 방법은 가능한 한 직선으로 만드는 것이다. 하지만 호주나 미국처럼 넓은 평원을 가진 나라가 아니라면 직선으로 도로를 만드는 것은 쉬운 일이 아니다. 도시와 도시 사이에는 산과 강이 있고, 문화유산이나 생태학적으로 중요한 천연기념물이 있을 수도 있다.

그래도 어느 정도 곧은 도로를 건설하는 게 가능한 것은 우리가 '터널'과 '다리'라는 거대한 구조물을 만들 수 있기 때문이다. 터널이나 다리는 산이나 협곡으로 막혀 한참을 돌아가야 하는 두 지점을 단숨에 연결한다. 말 그대로 공간을 단축하는 기술이다. 기술이 만든 축지법이라 할 만하다.

50년 전에 만들어진 경부고속도로는 400킬로미터라는 길이에 비하면 터널이 별로 없다. 그 터널도 경주터널을 제외하고는 대부분은 1990년 이후에 새롭게 만들어진 것들이라는 사실을 아는 사람은 많지 않다. 50년 전에는 긴 터널을 건설하는 것 자체가 쉬운 일이 아니었기 때문이다. 최근에 개통한 도로는 터널과 고가다리가 연속으로 연결된 경우가 많은데 그만큼 건설기술이 발전했다는 증거이기도 하다.

터널은 땅 밑, 바다 밑이나 산 같은 곳을 뚫어 사람, 자동차, 기차 등이 지날 수 있도록 만든 통로를 뜻한다. 우리나라에는 2,200개가 넘는 터널이 있다. 자동차 도로 터널 중 가장 긴 것은 강원도에 있는 '인제양양터널'로 길이가 11킬로미터에 달한다. 기차가 통과하는 터널 중에는 SRT 수서역에서 경기도 평택까지 이어지는 '율현터널'이 가장 길다. 그 길이는 무려 50킬로미터가 넘는다.

터널을 만드는 가장 쉬운 방법은 땅을 모두 파고 터널 모

터널은 다리(교량)와 함께 공간을 단축시키는 대표적인 구조물이다.

양의 구조물을 만든 뒤 다시 흙으로 덮는 것이다. 이는 초창기부터 터널을 만들 때 쓰던 방식이다. 깊이가 얕은 터널을 만들 때는 효율적이지만 깊은 터널을 건설하거나 지상에 장애물이 있으면 쓸 수 없는 공법이기도 하다.

예전에 텔레비전 만화 시리즈에서 주인공들이 앞부분에 거대한 드릴을 단 탐사선 같은 것을 타고 지하세계 여기저기를 다니면서 탐험하는 장면을 본 기억이 있다. 상상력의 산물로 치부할 수도 있지만, 이 방식은 실제 터널을 건설할 때 쓰이는 방식이다. TBM(Tunnel Boring Machine)이라는 거대한 기계를 이용해서 터널을 건설하는 것이 바로 그것이다. TBM은 만화에서 보는 것처럼 앞이 뾰족한 드릴처럼 생기지는 않았고 속도도 느리지만 말이다.

TBM은 커다란 원통처럼 생겼는데 그 원통의 앞부분이 회전하면서 암석을 깎아내는 구조다. 앞쪽에서 깎인 돌 조각들을 자동으로 뒤쪽으로 옮기고 터널 벽면이 무너지지 않도록 처리하는 것까지 모두 한 세트처럼 이루어진다. 만화에서는 산의 한쪽 면으로 들어가서 몇 초 되지 않아 다른 쪽 사면을 뚫고 나오는데 현실은 그렇지 않다. 만화는 만화다. TBM은 시간당 최대 몇 미터 정도 전진할 수 있을 뿐이다. 그래도 TBM은 깊은 땅속에서도 터널을 건설할 수 있고 양쪽에서 동시에 건설해나갈 수도 있어서 많이 쓰이고 있다.

터널은 주행하는 자동차의 안전을 고려해 건설된다. 보통 직선으로 만들어지지만, 곡선으로 만드는 경우는 곡선반경을 일정하게 하는 것이 원칙이다. 곡선반경이 중간에 달라지거나 일정하지 않으면 터널을 통과하는 동안 운전자는 반경에 맞게 운전대를 감았다 풀었다 반복해야 하는데, 이러면 교통사고 확률이 높아진다. 보통 운전자는 곡선 형태의 도로에서 곡선반경이 일정하다고 가정하고 운전하기 때문이다. 또 도로의 안쪽과 바깥쪽의 높낮이를 다르게 해서 원심력의 영향으로 차량이 튕겨 나가는 것을 방지하도록 건설

터널 건설에 쓰이는 TBM.

한다. 혹시나 터널 안에서 사고가 났을 때를 대비해 중간중간 대피할 수 있는 통로도 마련해둔다.

그럼에도 터널 출구에서는 교통사고가 자주 일어난다. 그 이유는 앞서 언급한 눈부심 현상 때문이다. 어두운 터널 안에서 터널 밖의 밝은 곳으로 나가면 앞이 잘 보이지 않는다. 더욱이 해가 뜨거나 지는 시간대에는 전면 유리창을 통해 직접 태양을 마주 보아야 할 때도 있다. 주로 동서 방향의 터널을 지날 때 자주 겪게 된다. 이런 상황에서 터널 출구에서 이어지는 도로가 크게 휘어진 굽은 길이거나 내리막길이라면 사고로 이어지기 십상이다. 특히 초행길에는 더 위험하다.

겨울에는 터널을 더 조심해야 한다. 산은 가끔 날씨를 완벽하게 바꿔놓는 요술을 부린다. 서로 다른 두 지점을 연결하는 터널은 들어갈 때와 나올 때 전혀 다른 날씨를 보이기도 한다. 높은 산을 통과하는 터널은 더욱 그렇다. 신나게 속도를 내며 터널에 진입하는 것까지는 괜찮다. 하지만 터널을 빠져나올 때는 반드시 속도를 줄여야 한다. 터널에 들어가기 전에 도로 상태가 좋았다고 하더라도 터널을 나올 때는 하얀 눈이 쌓여 있을 수 있다. 자동차가 미끄러지는 사고는 직접 겪지 않더라도 상상만으로도 아주 끔찍하다. 터널은 운전자의 안전을 고려해서 만들어지지만, 안전운전을 하지 않으면 한계가 있다. 터널뿐 아니라 운전할 때는 항상 안전이 최우선이다.

자동차, 과학의 결정체

평일에는 항상 집 앞에 서 있고, 주말에는 나와 가족들을 태우고 여기저기 쏘다니는 녀석이 있다. 대부분은 집 근처 마트가 목적지이기는 하지만, 쏘다니기가 특기인 이 녀석의 이름은 '소나타'다. 20대 후반부터 중고로 사서 타고 다녔던 준중형차를 지인에게 넘기고, 30대 후반에 마련한 두 번째 차다. 스스로 충분히 만족하며 타고 다니지만, 요즘은 전기자동차가 자꾸 눈에 들어온다. 그럴 때마다 얼른 외면하려고 애쓰지만 생각만큼 쉽지 않아 걱정이다.

어린 시절 우리 집에는 자동차가 없었다. 내가 살던 강원도 시골 마을에는 하루에 '무려 두 번'이나 버스가 들어왔다. 아버지는 그 이유로 자동차의 필요성을 느끼지 못하셨다. 꽤 합리적인 분이었지만 자동차가 있는 집 친구들을 보면 부러웠던 것도 사실이다. 이제 자동차는 우리 생활에서 당연한 존재가 되어버렸다. 2020년 우리나라의 자동차 등록 대수는 2,360만 대를 넘어섰다고 한다. 단순히 산술적으로 계산하면 국민 두 명당 자동차 한 대꼴이다. 2000년 자동차 등록 대수가 1,200만 대 수준이었으니, 자동차 수는 20년 만에 거의 두 배로 증가한 셈이다.

대학에 다니던 시절, 자동차를 타고 등하교하는 선·후배나 친구들이 있었다. 가정이 조금 부유하거나, 아니면 스스

도로를 달리는 자동차. 현재 전 세계에 돌아다니는 자동차는 약 15억 대로 추산된다.

로 번 돈으로 자동차를 타고 다니는 그들이 그렇게 부러울 수 없었다. 제일 부러웠던 사람은 다 같이 가야 하는 행사 당일 대형 관광버스를 앞에 두고 나타나지 않았던 선배였다. 걱정해서 전화를 걸었는데, 잠에서 막 깬 듯한 목소리로 자기 차를 가지고 따로 가겠다고 말하며 전화를 끊었다. 관광버스를 시간 맞춰 타지 않아도 어딘가에 스스로 갈 수 있는 다른 방법이 있다는 생각을 그때까지는 못 해봤다.

1880년대 독일에서 내연기관을 활용한 자동차가 등장하고, 1913년 헨리 포드가 조립라인 방식의 대량생산 시스템을 도입한 이후로 자동차는 끊임없이 발전해왔다. 시대적 흐름에 따라 자동차도 그 발전의 방향을 달리해왔는데, 한때는 빠른 자동차를 만드는 게 흐름이었고, 편안함을 강조하며 실내공간을 키우던 시기도 있었다. 그렇다면 최근 자동차의 발전 방향은 어떨까? 한마디로 친환경, 자율주행으로 정리할 수 있다. 여러 자동차 브랜드들이 더 빠르고 힘이 좋은 자동차를 만들던 시기에는 연비나 매연은 중요하지 않았다. 하지만 지금은 매우 중요하다. 배출가스 규제를 지키지 않은 차량은 설 자리가 없어졌다. 소비자가 경제성 높은 차량을 원하면서 자동차의 연비도 점점 좋아졌다. 거기에 최근에는 자율주행 같은 최첨단 기술이 빠른 속도로 자동차에 더해지고 있다.

자동차의 핵심 부품은 엔진이다. 휘발유나 경유 같은 화석연료를 쓰는 차량은 기름을 태워서 자동차를 움직인다. 태운다는 표현보다 폭발시킨다는 말이 더 맞다. 연료를 공기와 잘 배합해 전기 스파크를 일으켜서(또는 압축해서) 폭발시키고 그 힘을 기계 장치를 통해 바퀴로 전달함으로써 자동차를 움직이는 데 쓴다. 최근 들어 숫자가 급속히 늘어나고 있는 전기차의 경우에는 전기로 구동되는 모터를 이용해 차량을 움직인다. 여름에 더위를 피하고자 방 한쪽에 켜놓는 선풍기와 핵심 원리가 다르지 않다. 단지 돌리는 것이 자동차 바퀴냐, 아니면 선풍기 날개냐의 차이만 있을 뿐이다. 수

소차도 전기를 이용해서 자동차 바퀴를 굴리는데, 전기차와 수소차의 차이점은 전기를 저장해두고 쓰느냐, 수소를 이용해 전기를 그때그때 만들어 쓰느냐의 차이이다. 이 때문에 전기차는 배터리 용량이 크지만(통상 20킬로와트시kwh 이상, 장거리용 전기차의 경우 60킬로와트시 이상), 수소차의 배터리 용량은 하이브리드차와 비슷해 2킬로와트시 정도에 불과하다. 자동차 제조사 입장에서는 같은 에너지로 자동차를 더 멀리 보내면서 환경오염 물질을 최소화하는 것이 가장 중요한 일이다. 물론 디자인 같은 요소도 중요하지만, 글쓴이가 미적 감각이 없어 논외로 한다.

최근 자동차와 관련한 이슈는 누가 뭐래도 자율주행이다. 최근 사람들이 사는 자동차 대부분은 반자율주행 기능을 탑재하고 있다. 이미 일정 수준의 자율주행은 상용화되어 있다. 자율주행은 몇 가지 단계로 나뉜다. 세세히 알 필요는 없지만, 간단하게 운전자를 기준으로 구분해보면 운전자 혼자 다 해야 하는 단계, 보조받는 단계, 필요할 때만 운전자가 개입하는 단계, 운전자가 아무것도 안 해도 되는 단계로 나눌 수 있다. 이미 보편화되어 있는 차선 유지 장치, 정속 주행 같은 기능은 자율주행의 중간 단계 정도로 볼 수 있다. 자율주행과 관련된 기술은 빠르게 발전하고 있다. 어쩌면 수년 안에 완전한 자율주행이 가능해질 수도 있다. 물론 그러려면 기술이 완벽하더라도 법과 제도를 바꿔야 하는 등 다른

1913년 미국 포드 자동차의 조립라인. 자동차가 본격적으로 많아지기 시작한 혁신적인 방식이었다.

변화도 반드시 필요하지만 말이다.

사실 자동차는 최첨단 과학과 기술의 집약체라 할 수 있다. 신소재를 써서 구조와 내·외부를 만들고, 첨단 센서와 컴퓨터 그리고 디스플레이까지 탑재된다. 자동으로 실내온도를 맞춰주고 운전자의 체형도 기억한다. 운전자가 졸면 깨워주고, 강제로 브레이크를 작동시키기도 한다. 이미 현실이 된 기술들만 늘어놓고 보아도 10년 전에는 상상도 하지 못했던 기능들이다.

이처럼 자동차가 점점 똑똑해지고 있다. 어떤 면에서는 무

테슬라의 자율주행 시스템. 테슬라는 자율주행과 장거리 이동이 가능한 전기자동차라는 콘셉트로 선풍적인 인기를 끌고 있다.

섭다. 시속 100킬로미터로 달리는 자동차가 알아서 운전한다면 나의 목숨을 온전히 기계에 맡기는 것이다. 기술은 무서운 속도로 완성되리라 예측되지만, 오히려 기술에 대한 신뢰가 쌓이는 데는 조금 더 시간이 걸릴 것 같다. 비행기·배·기차는 이미 자동화가 가능한 수준이다. 그런데도 기장·선장·차장을 두는 이유는 기술에 대한 우리 인간의 믿음이 아직 확실하지 않기 때문이다.

기술의 발전과 공유경제의 확대에 따라 앞으로 자동차는 소유하는 것이 아니라 필요할 때마다 빌려 쓰게 될 것이고, 더 나아가 운전면허는 필요 없어질 것이라고 말하는 전문가들도 있다. 나도 궁극적으로는 모든 자동차가 자율주행으로 운행하는 시기가 올 것이라 생각한다. 하지만 그 시점을 가늠하기는 어렵다. 아직 갈 길이 멀기 때문이다. 법과 제도를 자율주행 시대에 맞게 고쳐야 하고, 교통사고가 일어났을 때 책임 소재를 따지는 문제도 해결해야 한다. 자율주행 차량이 사고를 일으켰을 때, 차량 제조사의 책임인지 아니면 소유자의 책임인지는 명확하지 않다. 또한 자율주행 차량이 돌발 상황에 어떻게 대응하도록 해야 하는지도 풀어야 할 문제다. 예를 들어 운전자와 도로 옆 보행자 중 한 사람은 반드시 다치거나 죽어야 하는 상황이라면, 자율주행차가 어떻게 행동하도록 프로그램을 해야 하는지와 같은 윤리적 논쟁을 해결해야 한다.

내 지인 중에 전자 시스템을 믿지 못해 수동 변속기 자동차만 골라서 타는 이가 있다. 자율주행은 고사하고 자동 변속기조차 믿지 못하는 사람이다. 이런 사람이 자율주행차에 자신을 온전히 맡길 수 있을까? 이제 우리는 몇 년 후면 선택을 강요받을지 모른다.

"과학과 기술은 완벽합니다. 기꺼이 당신의 목숨을 맡기시겠습니까?"

굉음을 뿜어내는 최첨단의 기술, 항공기

"뭐라고? 더 크게 말해!"
"식사하시라고요!"

내가 자란 시골 마을 근처에는 공군 비행장이 있다. 전투기들이 연신 뜨고 내리는 동안은 옆 사람과 대화하기 힘들 만큼 큰 소음이 들린다. 그래서인지 동네 어르신 대부분은 목소리가 크다. 비행기 소음을 뚫고 의사소통을 하려니 목에 웬만큼 힘을 주지 않으면 안 되기 때문이다. 더러 청력에 문제가 생긴 어르신들은 목소리가 더 클 수밖에 없다.

결혼 이후에 처음으로 나의 본가를 방문한 아내는 전투기

체급은 작지만 준수한 성능을 보이는 경공격기 FA-50(출처: 한국항공우주산업KAI).

굉음을 듣고 정말 전쟁이라도 난 줄 알았다고 했다. 극장에서 전쟁영화를 볼 때 경험하는 음향효과를 실제로 듣는 것 같다고 말이다. 하여간 민간 공항이나 군 비행장이 있는 지역의 소음 문제는 심각하다.

경험에 비추어보면 전투기가 착륙할 때는 소음이 그리 크지 않다. 그리고 저 멀리 하늘을 날고 있을 때도 소음이 크게 문제가 되지 않는다. 가끔 찢어지는 듯한 소리가 들리지만 지속적이지는 않다. 문제는 이륙할 때다. 전투기들이 야간훈련을 할 때 보면 전투기가 긴 불줄기를 뒤로 내뿜으며 이륙하는데, 그때 소음이 엄청나다. 한 대만 이륙하는 것이 아니라 연속으로 몇 대가 날아오르기 때문에 소음은 길게 이어진다. 어떤 날은 지상에서 엔진 시험이라도 하는지 한참 굉음이 진동할 때도 있다.

항공기에 쓰이는 엔진은 자동차에 쓰이는 가솔린·디젤 엔진과는 다르다. 항공기는 터보제트 엔진이나 터보팬 엔진을 쓴다. 공기를 압축하고 연소시킨다는 점에서는 자동차 엔진과 비슷하다. 자동차의 경우에는 연소(폭발)시킨 힘을 이용해 피스톤을 밀어내고 그 힘으로 바퀴를 굴린다. 이와 다르게 항공기 엔진은 연소된 배기가스 자체를 뒤쪽으로 팽창, 분사하며 반발력을 얻는다. 당연히 항공기 엔진의 힘이 훨씬 강력하다. 구체적으로 출력이 몇 마력, 추력이 얼마라는 이야기를 할 수도 있겠지만, 간단히 설명하면 항공기가 이륙을 준비할 때 엔진이 내뿜는 배기가스의 힘은 자동차나 건물을 날려버릴 정도다.

항공기용 엔진 분야는 미국과 유럽이 가장 앞서 있다. 우리나라는 아직 그 수준에는 미치지 못한다. 하지만 우리나라는 자동차·기계·전기·전자 부문에서 세계 최고 수준의 기술을 보유하고 있는 만큼 큰 잠재력을 가지고 있다고 평가된다. 몇몇 기업에서 항공기 엔진 부품을 생산하고 있고 최근에는 국가 차원에서 무인기용 항공기 엔진 개발에 집중하고 있다. 하지만 실제 전투기나 대형 여객기용 엔진을 개발하는 문제는 다른 복잡한 역학관계가 얽혀 있어 쉽지만은 않을 전망이다.

"저게 바로 제공호야, 제공호!"

한동안 우리나라의 자존심이었던 제공호. 미국 전투기 F-5를 우리나라에서 조립한 전투기다. F-5는 냉전시대 자유주의 진영의 국가들에 보급된 대표적인 기종으로 '프리덤 파이터'라는 별명으로 불렸다(출처: 대한민국 국군).

어렸을 때 집 앞에서 날아오르는 비행기를 보며 동네 어르신이 자랑스럽게 하시는 말씀을 들은 기억이 난다. 제공호는 우리나라에서 최초로 조립된 전투기인데, 미국 전투기 F-5를 면허 생산한 것이다. 전쟁을 몸소 겪으신 동네 어르신들은 전쟁 때 전투기를 '쌕쌕이'라 부르며 무서워했다고 한다. 그 무서운 전투기를 우리나라도 만들었다며 굉장히 뿌듯해하셨다. 우리나라는 이제 면허 생산이 아니라 전투기를 독자적으로 설계해서 생산하는 나라가 되었다. 돌아가신 어르신들이 이 사실을 알면 얼마나 기뻐하셨을지 눈앞에 선하다.

2022년 7월 우리나라에서 설계하고 만든 4.5세대 전투기 'KF-21 보라매' 시제기가 초도 비행에 성공했다. 그리고 2023년 1월 17일에는 음속을 돌파하는 초음속 비행에도 성공했다. 우리 군의 목표인 2026년 실전배치를 차질 없이 이행하기 위한 절차가 순조롭게 진행되고 있다. 첨단 과학기술의 결합체인 초음속 전투기를 독자적으로 개발한 여덟 번째 나라가 된 것이다.

최근에 'K-방산'이라는 단어를 뉴스에서 자주 볼 수 있다. 세계 곳곳에서 전쟁과 분쟁으로 신음소리를 내고 있는 와중에 세계적으로 주목받고 있는 우리나라 무기를 일컫는 말이다. 2017년에서 2021년 우리나라의 무기 수출 규모는 세계 8위였다. 그런데 성장세는 5년 사이에 177퍼센트 성장한 우리나라가 세계 1위다. 2022년에는 폴란드가 우리나라의 무기를 대량으로 구매했고 다른 나라들도 최고의 가성비를 보여주는 한국산 무기에 지대한 관심을 보이고 있다. 2022년은 우리나라 방산업계 사상 최고의 한 해였다.

국제관계를 고려하면 어느 정도의 국방력을 갖추는 것이 필요하다는 데는 이견이 없다. 세계 여러 나라의 정부는 무기를 직접 개발할지, 수입할지를 두고 항상 고민한다. 그러나 무기 개발은 높은 수준의 과학기술이 필요하고, 돈이 있다고 해도 아무 때나 다른 나라의 무기를 수입할 수 있는 것도 아니기에 적절히 판단하기가 쉽지 않다. 분명한 사실은 이제 우리나라도 자체적으로 뛰어난 무기를 만들고 수출할 능력을 갖췄다는 점이다.

우리나라가 다른 나라를 앞서갈 수 있는 기회를 만들어냈다는 점은 분명히 고무적이다. 하지만 그 분야가 사람을 죽게 하는 일이라면? 수많은 고아를 만드는 일이라면? 누군가의 고향을 폐허로 만드는 일이라면? 미국이 우방국한테도 전략 무기 수출을 통제하는 것은 첨단 무기를 적절히 관리·활용할 능력도 중요하게 생각하기 때문이다. 이제 우리는 새로운 고민을 시작해야 한다. 과연 우리는 많은 사람을 죽일 수 있는 무기를 마음대로 여기저기 팔아도 될 정도로 책임감 있고 성숙한가?

5장

신비하거나 이상하거나

꽃의 화려함에 대해

봄이 왔음을 알려주는 전령은 누가 뭐래도 꽃이다. 3월 말 정도 되면 서울에서도 꽃을 볼 수 있는데, 가장 먼저 피어나는 꽃은 노란 개나리와 분홍 진달래다. 그러고는 목련이 피어나고 벚꽃이 흐드러지게 핀다. 이어서 영산홍 같은 꽃들도 자태를 뽐내기 시작한다. 겨울 동안 움츠려 있던 식물들이 가지에 물이 돌자마자 열심히 하는 일은 바로 꽃을 피우는 일이다. 나무들만 꽃을 피워내는 것은 아니다. 5~6월이 되면 우리가 흔히 풀꽃이라 부르는 식물들이 꽃을 피워낸다. 서울 중심가에서는 잘 볼 수 없지만, 조금만 교외로 나가면 백일홍·금계국·코스모스·아이리스·작약·나팔꽃 같은 녀석들을 만날 수 있다. 아무래도 나무들과는 달리 새싹부터 틔워내고, 그 이후에 꽃을 피워내기 때문에 개화기가 조금 늦다.

우리나라 기상청에서는 매년 꽃(벚꽃·철쭉)이 언제 개화했는지를 발표한다. 그런데 궁금하지 않은가? 기상청은 도대체 어떤 기준으로 개화를 발표하는 것일까? 답은 생각보다

송월동의 서울기상관측소에 있는 왕벚나무. 임의의 한 가지에 세 송이 이상 활짝 피면 개화로 본다(출처: 기상청).

간단하다. 기상청에서는 지역별로 꽃의 개화기를 측정하기 위한 '기준 나무'를 정해두고 있다. 그 나무에 꽃이 피면 '꽃이 피었다'고 선언하는 것이다. 서울의 벚꽃 개화기를 정하는 기준목은 송월동 서울기상관측소에 있는 왕벚나무다. 그 나무에 꽃이 피면 '서울에 벚꽃이 피었다'고 선언한다. 기상청은 이렇게 지역별로, 그리고 사람들이 많이 찾는 벚꽃 군락지마다 기준목을 정해두고, 그 기준목의 개화 여부에 따라 개화기를 발표하고 있다. 봄에 꽃놀이를 즐기고자 하는 사람들을 위한 기상청의 서비스다.

그런데 기상청에서 발표한 서울의 벚꽃 개화기를 살펴보

면 특이한 점이 있다. 개화기를 측정하기 시작한 1922년 이후 벚꽃은 항상 4월에 피었다. 그런데 21세기에 들어와서 그 시기가 전체적으로 조금씩 빨라지기 시작하더니 2014년에는 3월 28일에, 2020년에는 3월 27일에 피었다. 급기야 2021년에는 3월 24일에 피어났다. 2014년 이전에는 3월에 개화한 적이 한 번도 없다는 사실을 생각해보면 우리나라의 전반적인 기온 상승 정도를 가늠해볼 수 있는 잣대가 된다. 2023년에는 3월 25일에 피었다. 역대 두 번째로 빠른 개화다. 조만간 3월 중순에 벚꽃을 보게 될지도 모르겠다. 식물의 개화기는 기온, 낮의 길이, 일조량의 영향을 받는다. 이제 우리는 대략 식물이 어떤 원리로 꽃을 피워내는지 알게 되었지만, 그 시기가 점점 빨라지는 것이 시사하는 바는 전혀 모르는 듯해서 안타까울 뿐이다.

화려한 자태를 뽐내는 다양한 꽃들이 지구상에 등장한 것은 대략 1.2억~1.3억 년 전인 백악기로 알려져 있다. 쥐라기에 살았던 유명한 초식공룡인 '브라키오사우루스'는 꽃이 어떻게 생겼는지 보지 못했겠지만, 백악기 후기에 지구상에 출현한 '티라노사우루스'는 곳곳에 피어난 꽃을 볼 수 있었을 것이다. 참고로 백악기 이전에 활동한 '스테고사우루스', '아파토사우루스', '시조새' 일러스트에 꽃이나 활엽수가 그려져 있다면 명백한 오류다. 백악기 후기에 갑자기 꽃을 가진 식물이 폭발적으로 증가한 이유는 과학자들도 여전히 명확하게 알지 못하는 듯하다. 확실한 것은 진화과정에서 등장한 꽃을 가진 식물들이 지구상에 성공적으로 자리 잡았다는 사실이다.

꽃은 산과 들에서 만날 수 있지만, 요즘은 잘 가꿔진 화단이나 동네 꽃집에서 더 자주 접하게 된다. 화단과 꽃집에서 판매하는 꽃은 야생의 꽃들과는 다르다. 야생의 꽃도 아름답기는 하지만 크기가 작거나 색이 화려하지 않다. 사람들은 더 크고 더 화려한 꽃을 원한 만큼 이러한 취향에 맞는 꽃을 만들어내기 시작했다. 육종가라고 불리는 사람들은 다양한 품종을 교배해 새로운 종류의 꽃을 만들어냈다. 꽃 중의 여왕은 장미다. 하지만 우리가 일반적으로 떠올리는 장미의 이미지는 야생에 존재하지 않는다. '현대 장미'라 불리는 꽃은 모두 육종가들이 만들어낸 품종들이기 때문이다.

내가 아주 어렸을 때인 1985~1986년경에 텔레비전에서 방영했던 〈꼬마 자동차 붕붕〉이라는 애니메이션이 있다. 요즘 어린이들은 그 애니메이션을 거의 모르겠지만, "붕붕붕~ 아주 작은 자동차, 꼬마 자동차가 나간다~"라는 주제가가 아직도 생각나는 걸 보니 제법 재미있게 본 모양이다. 그 만화의 주인공인 꼬마 자동차 '붕붕'은 꽃향기를 맡으면 힘이 솟는 특이한 능력을 갖고 있었다. 그때는 별생각 없이 신나게 만화를 봤지만 성인이 된 이후에 꽃향기가 과연 에너지원이 될 수 있을까 하는 쓸데없는 생각을 한 적도 있다. 물론 만화

꽃집에서 파는 꽃. 우리가 자연에서 접하는 꽃과는 사뭇 다르다. 대부분 우리 인간들의 취향에 맞게 만들어진 품종들이기 때문이다.

는 만화일 뿐이다.

한데 가만히 생각해보면 참 망측하지 않을 수 없다. 꽃은 식물의 생식기관이다. 사람들은 겉으로 생식기관을 드러내는 것을 수치스럽게 여겨 꽁꽁 싸매고 다니는데, 식물이라는 녀석은 부끄럼을 모르나 보다. 상상해보라. 사람들이 가장 은밀한 부위를 누구나 볼 수 있게 드러내고 거리를 활보한다? 아찔하다. 꽃이 예쁘다는 생각이 들다가도 한 번씩은 피식피식 웃음이 나는 것은 아마 이것 때문이리라.

꽃이 보기 좋다, 아름답다, 향기가 좋다는 이유로 더 크고 화려하게 만들어낸 것은 우리 인간들이다. 다른 종의 생식기를 인간의 유희를 위해 인위적으로 모양을 바꾸는 게 잘하는 짓인지는 모르겠지만.

슬라임도 과학이야?

딸아이에게 유튜브를 보여주는 게 아니었다. 요즘 부모들의 최대 고민 중 하나가 바로 유튜브 아닐까? 조금 떼쓰는 아이를 달래기 위해 무심코 보여주기 시작한 유튜브를 아이는 어느 순간부터 당연하게 찾는다. 딸내미는 아직 초등학생이건만 벌써 하루에 몇 개의 영상은 꼭 찾아보지 않으면 안 되는 아이가 되어버렸다. 이제 와서 못 보게 하기에는 너

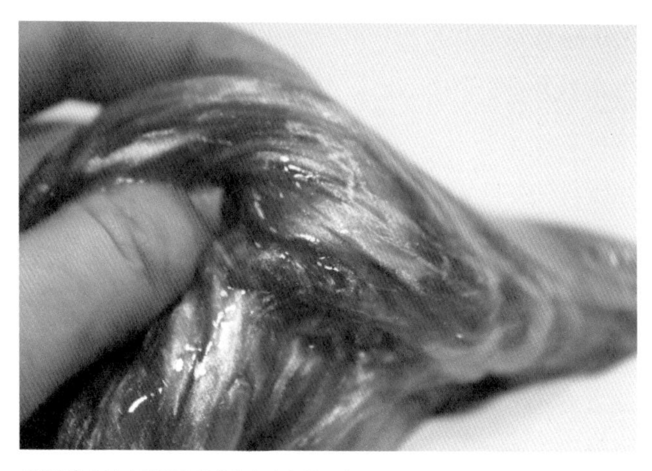

아이들에게 인기 만점인 장난감 슬라임. 한동안 슬라임을 가지고 노는 '슬라임 카페'라는 놀이방이 인기인 적도 있었다(출처: 위키미디어).

무 멀리 와버렸다. 아이와 실랑이하는 것도 보통 힘든 일이 아니다.

유튜브를 보는 딸아이 옆에서 같이 영상을 보고 있자면, 유명한 어린이 유튜버들이 장난감을 가지고 노는 영상이 매우 많다. 요즘은 관심사가 많이 달라졌지만, 딸아이가 한동안 집중해서 보는 영상이 있었다. 그 영상에 등장하는 장난감은 바로 '슬라임'이다. 손과 슬라임만 등장하고 계속 주물러대는 모습뿐이라 나는 뭐가 재미있는지 도통 알 수 없었다. 하지만 아이들은 다르다. 시간 가는 줄 모르고 본다. 한때 여기저기 슬라임 카페가 생길 정도였으니 그 당시 슬라임의 인기는 폭발적이었다. 최근에는 좀 식은 듯하지만.

그 당시 일이었다. 마트를 가기 위해 가족들과 함께 자동차로 이동하는 중이었다. 휴대전화를 딸에게 압수당하고 별 생각 없이 앞만 보고 운전을 하는데 뒷좌석의 아동용 카시트에 다리를 꼬고 앉은 딸아이가 묻는다.

"아빠! 슬라임도 과학이야?"

그래도 아빠가 과학을 좋아한다는 것을 대충은 알게 되어서 그런지, 가끔 기특한 질문을 던진다. 당연히 슬라임도 과학의 산물이다. 슬라임은 플라스틱의 일종인 어떤 물질과 붕사를 잘 섞으면 만들어지는 녀석인데, 과학과 관련이 있다. 사실 슬라임뿐만이 아니다. 유튜브에서 자주 볼 수 있는 멘토스와 콜라를 이용한 분수실험이라든가, 물이 닿으면 색이 변하는 장난감, 여름철 밤하늘을 수놓는 불꽃놀이도 모두 과학 원리를 이용한 것이다.

단순하게 주무르고 늘리고 때리고 던지는 놀이의 소재인 슬라임이 과학이라고 주장한다면 모든 것이 다 과학이라고 할 수 있다. 좀 억지스럽기는 하지만 사실이다. 지금 우리 생활에서 과학기술이 적용되지 않은 것을 찾기가 더 어렵다. 그렇다고 아이를 붙잡고 화학반응이 뭔지 자세히 설명하자는 얘기는 아니다. 일단은 그냥 놀고, 그냥 편하게 쓰자. 다만 가끔 왜 그런지 궁금하다면 찾아보면 된다. 내가 알고 싶은 것들은 모두 인터넷에 있다. 가끔 잘못된 정보가 떠다니니까 주의가 필요하지만.

"응! 과학이지! 궁금하면 나중에 아빠랑 같이 찾아보자. 지금은 그냥 놀아!"

화학반응이 뭔지, 어떻게 하면 슬라임을 더 잘 만들 수 있는지 아는 것도 중요하다. 하지만 더 중요한 것은 궁금한 내용을 스스로 찾아보려는 생각과 실제로 찾아보는 행동이다. 스스로 궁금해야 기억에도 오래 남는다. 문제는 궁금해 하지 않는 것이다. 우선은 재미있게 놀고 궁금한 것이 생기면 찾아보는 연습을 해보자. 그게 시작이다.

장난감이 변한 이유

딸: 아빠! 내 친구 영희 있잖아? 영희 머리핀이 다 녹슬었어.

나: 응? 왜?

딸: 내 생각에는 며칠 전에 나랑 같이 물놀이한 날 있었잖아? 그때 영희가 머리핀하고 놀아서 그런 거 같아.

몇 년 전에 딸아이가 뜬금없이 시작한 이야기다(아이의 이

바닷가에서 종종 볼 수 있는 녹슨 닻. 철은 물이나 습기가 있으면 산화작용을 통해 산화철로 변화하는데 이를 녹이라 한다.

름은 가명으로 쓴다). 초등학생이 되더니 이 정도 추론은 쉽게 하는구나 싶어 뿌듯한 기분이 들었다. 누가 알려줬을 수도 있겠지만 무슨 상관이랴. 가끔 뜬금없이 옆에서 이런저런 과학 이야기를 들려주었던 게 조금이라도 효과가 있었다고 생각해도 되지 않을까?

딸: 아빠, 물놀이할 때는 이제 이 장난감도 가지고 놀면 안 되겠어.

나: 그건 또 왜?

딸: 녹슬잖아!

나: 녹? 장난감은 뭐로 만든 건데?

딸: 플라스틱!

나: 아, 플라스틱은 괜찮아.

딸: 왜? 플라스틱은 녹 안 슬어?

아무래도 우리 딸은 그때까지 물이 묻은 채 그냥 방치해 둔 모든 물건에 녹이 생긴다고 생각한 모양이다.

나: 머리핀은 철로 만들어진 부분이 있어서 녹이 생기는 거야. 녹은 철 같은 금속에만 생겨.

딸: 음……, 그럼 철하고 플라스틱은 어떻게 다른 건데? 어떻게 만들어?

설명하기가 쉽지 않다. 화학식을 말해줄 수도 없고, 금속과 비금속의 차이라든가 금속의 산화라든가, 이런 것들을 조금이라도 쉽게 이야기해줄 수 있을까? 플라스틱은 또 어떻게 이야기를 해야 하나. 그래도 최대한 이해하기 쉽게 설명해주기로 했다.

나: 철은 철 성분이 들어 있는 돌을 모은 다음 철만 따로 뽑아서 만들 수 있어.

요즘 아이들이 가지고 노는 장난감의 재료는 대부분 플라스틱이다.

딸: 그럼 플라스틱은?

나: 음, 플라스틱도 사람이 만든 건데, 원료가 석유야, 석유!

딸: 석유? 그럼 플라스틱은 두바이에 많겠네?

그때 내 등줄기로 땀 한 방울이 흘러내렸다. 대화가 어찌어찌 여기까지 이어졌지만, 걸린 시간은 길지 않았다. 불과 1분? 더 무슨 질문을 해올까 걱정하고 있는데 다행히 녀석이 이쯤에서 물러나준다. 그런데 석유와 두바이는 어떻게 연결해서 생각했던 것일까?

딸: 여하튼 물놀이할 때 장난감 가지고 놀아도 된다는 거지?

아빠를 보고는 씩 웃고 지나가는 게 왠지 '고생하니까 봐준다'는 느낌이었다. 두바이에 플라스틱이 많지는 않을 것 같다고 말을 해줘야 할까? 그래도 플라스틱의 원료가 석유라고 말해주니 산유국과 연결하는 모습이 기특했다. 자기 나름대로 논리를 편 것이니까. 그 정도만 되어도 그게 어디냐.

인간은 누구나 호기심을 가지고 있고, 누구나 과학자가 될 가능성을 가진 존재라는 것은 명확하다.

놀이기구가 주는 스릴

손바닥에 땀이 배어 나오기 시작했다. 다행히 비가 조금씩 내리고 있어서 내가 긴장한 사실을 딸아이에게 들키지는 않았다. 덜컹덜컹 소리를 내며 정상을 향해 움직이는 기구에 타고 있다는 것은 절로 긴장되는 일이다. 눈을 감을까? 뜰까? 고민하던 찰나에 내 몸이 붕 떴다가 곧 떨어졌다. 한숨을 쉬고 눈을 질끈 감았다 떴다. 실눈을 뜨고 슬쩍 옆에 앉은 딸아이와 뒷자리에 앉은 아내의 얼굴을 보니 웃음이 가득했다.

"아빠! 진짜 재미있지? 우리 한 번 더 탈까?"

결국 딸아이 손에 이끌려 두 번을 더 타야 했다. 며칠 쏟아지던 비가 그친 틈을 타 갑자기 찾은 놀이공원에서 있었던 일이다. 결국 긴장한 표정을 들켜서 딸아이에게 어른이 무슨 겁이 그렇게 많냐는 핀잔을 들어야 했다. 아마도 한동안 놀림거리가 될 게 틀림없다.

경기도 용인에 사는 우리 가족은 인근 놀이공원을 자주 찾는다. 몇 년 전부터 연간이용권을 끊어두고 한 달에 한두 번은 꼭 다녀왔다. 한동안 코로나19 때문에 가지 못하다가 정말 오래간만에 놀러간 날이었다. 비가 오는 날 오후라 사람이 거의 없었다. 예전에는 두 시간을 기다려야만 겨우 탈 수 있던 인기 절정의 놀이기구를 잠시의 기다림도 없이 세 번 연속 탈 수 있는 기회를 얻었다.

한동안 무서운 것은 싫다며 아기자기한 것들만 찾아다니던 딸아이가 부쩍 커서인지 이제는 무서운 놀이기구를 타보겠다고 나선다. 스릴감 넘치는 놀이기구를 좋아하는 엄마와 죽이 잘 맞아서 물 만난 고기처럼 이곳저곳을 쏘다닌다. 나는 그 뒤를 따르지 않을 수 없는 입장이지만, 최대한 느릿느릿 움직인다. 물론 그러다가 또 한 번 핀잔을 듣기 일쑤다.

나는 무서운 놀이기구를 좋아하지 않는다. 개인의 취향에 따라 스릴을 즐기는 사람들도 있다. 그 사실을 잘 알고 있지만, 나는 왜 돈을 내고 무서운 경험을 해야 하는지 아직도 모르겠다. 문제는 나를 제외한 두 명의 가족이 모두 스릴을 즐

경기도 용인의 놀이공원에 있는 롤러코스터. 스릴을 느끼려는 사람들에게는 인기 만점이다 (출처: 위키미디어).

기는 범주에 포함되는 부류라는 것이다. 결국 나도 어쩔 수 없이 스릴을 즐겨야 한다.

놀이공원의 한쪽을 차지하고 있는 동물원도 우리의 호기심을 채워주고 즐거움을 주는 놀라운 시설이다. 사자·호랑이·코끼리·기린 같은 큰 동물도 직접 볼 수 있고, 사막여우 같은 작고 신기한 동물도 볼 수 있다. 아이들은 물론이고 어른들도 신기함을 느끼기에 충분하다. 나는 놀이기구보다는 동물원이 훨씬 재미있다. 동물원의 존재 자체에 대한 논쟁은 잠시 생각하지 않는다면 말이다.

놀이기구에는 과학 원리가 숨어 있다. 롤러코스터는 위치에너지를 운동에너지로 바꾸며 엄청난 속도를 만들어내고, 바이킹은 진자 운동을 몸소 체험할 수 있도록 해주는 놀이기구다. 또 빠르게 회전하는 놀이기구는 원심력이 무엇인지 생생하게 느끼도록 해준다. 물리학의 원리를 직접 체험하면서 느끼기에 놀이공원만한 곳이 없다.

다행히 아직은 신나는 놀이공원에서 눈치 없이 위치에너지와 운동에너지, 가속도와 중력의 등가원리를 거론하는 우를 범하지는 않았다. 하지만 이후에 딸아이가 과학을 공부할 때가 되면, 놀이공원에서 몸소 체험한 경험이 이해를 도와줄 것이다.

'흠, 이건 단지 에너지 변환 장치일 뿐……, 아악! 살려줘!'

하지만 어쩔 수 없이 타야 하는 놀이기구에 앉아 있을 때면, 무서움을 조금이라도 잊기 위해 마음속으로는 이런 과학적 원리를 생각해보곤 한다. 그래 봤자 결국 소리 없이 비명을 지르고 말지만. 역시 그런 생각을 한다고 무섭지 않은 것은 아니다.

바닷물이 강물의 영향을 받는다고?

'한강물 라면'이라는 말을 한번쯤 들어보았을 것이다. 과도할 정도로 물의 양을 맞추지 못한 라면을 이르는 관용적 표현이다(물론 아직 국어사전에 실리지는 않았다). 한강물 라면은 엄청난 물의 양 때문에 면발은 잘 보이지 않고 싱거운 맛을 내는 것이 특징이다. 특히 여러 개의 라면을 한꺼번에 끓일 때 자주 발생하는 사태다. 요즘은 계량컵이 있어서 그런 일이 잘 일어나지 않지만, 눈대중으로 물을 맞추다 보면 여지없이 한강물 라면이 되고는 한다.

이런 사태는 가끔 바다에서도 일어난다. 짠맛을 내야 하는 바닷물이 말 그대로 싱거워지는 현상이다. 우리나라 근해, 특히 서해와 제주도 인근에서 일어난다. 우리나라의 정규 교육과정을 마친 사람이라면 바닷물의 양에 비해 강물의 양은 그야말로 새 발의 피라는 것을 모두 알고 있다. 그런데 그

나사가 촬영·보정한 서해의 모습.
바다의 특성을 반영해 위성사진의
색상을 수정한 것이다.

런 일이 실제로 일어나는 것이다. 그 변화는 물속에 사는 생물들에게는 치명적인 피해를 줄 수 있다.

지구 표면의 약 70퍼센트는 바다다. 바닷물을 모두 합하면 무게로는 130경 톤이 넘고, 부피로는 13억 세제곱킬로미터가 넘는다. 지구 전체의 물 중에서 97퍼센트가 바닷물이다. 3퍼센트에 불과한 전 세계의 빙하와 만년설, 지하수, 강과 호수의 물을 모두 바닷물과 합친다 해도 바닷물의 염분 농도는 그다지 내려가지 않는다.

하지만 서해 바다의 사정은 조금 다르다. 우리가 서해라고 부르는 바다의 국제적 명칭은 황해Yellow Sea다. 장강(양쯔강)과 황하(황허)에서 밀려드는 탁한 강물 때문에 바닷물이 누렇게 보인다고 해서 붙여진 이름이다. 이 글에서는 그냥 서해라고 표기한다. 여하튼 서해는 굉장히 얕은 바다로 평균 수심이 45미터 정도에 불과하다. 동해의 평균 수심이 1,530미터이고 전 세계 바다의 평균 수심이 3,800미터 정도라는 점을 고려하면, 육지에 둘러싸인 가까운 바다라고 해도 서해는 무척이나 얕은 바다다. 그래서 서해의 면적은 동해의 절반쯤 되지만 담고 있는 물의 양이 상대적으로 훨씬 적다.

서해로 흘러드는 장강과 황하는 세계적으로도 매우 큰 강이다. 장강은 평균 1초에 4만 톤의 물을 서해로 흘려보내는데, 장마가 계속되는 특정 시기에는 그 양이 7만~8만 톤에 육박하기도 한다. 그리고 이 정도의 강물은 바다 전체에 영향을 주기는 힘들지만, 바다 일부분을 '싱겁게' 만들 수 있다.

또 하나 고려할 점은 염분 농도가 낮은 물은 농도가 높은 바닷물보다 가볍다는 것이다. 이 때문에 저염분의 바닷물은 염분이 높은 바닷물과 혼합되지 않고 표층에 떠서 해류나 바람을 타고 이동하게 된다. 이렇게 제주도와 서해안까지 밀려오는 경우가 있다. 바다라는 큰 그릇에 담겨 있는 물은 얼핏 보면 잘 섞여서 모두가 같은 물인 것 같은데, 생각보다 잘 섞이지 않는다.

실제 제주 인근 바다의 정상 염분 농도는 30~35퍼밀(‰, 1,000분의 1을 나타내는 단위)이다. 그런데 장강 하구에서 밀려온 저염분 바닷물이 영향을 줄 때는 25퍼밀 아래로 염분 농도가 떨어지기도 한다. 바닷물이 싱거워지면 바다에서 살아가는 생물, 특히 어패류에 큰 피해를 준다. 염분 변화가 어패류에 치명적인 이유는 바로 삼투압 때문이다.

앞서 언급한 서해의 특성 때문에 이런 저염분수 유입은 특별한 현상이 아니다. 중국이 홍수 피해를 본다면 덩달아 일어날 수도 있는 재앙인 셈이다. 중국에 비가 많이 오면 많이 올수록 우리나라가 저염분 피해를 볼 확률은 그만큼 높아진다.

앞으로 제주를 비롯한 우리나라 바다의 생물들은 저염분으로 피해를 보는 일이 잦아질지 모른다. 예상치 못한 집중

장강 하구의 위성사진. 엄청나게 많은 민물을 바다로 흘려보낸다. 많은 양의 흙을 포함하고 있어 바다를 탁하게 만들기도 한다.

호우나 긴 장마가 우리나라에서만 일어나는 일은 아니기 때문이다. 중국도 마찬가지다. 이런 이야기를 언급하다 보면 결론은 늘 똑같다. 결국 문제는 지구온난화와 기후위기다.

백두산과 한라산

한반도에서 제일 높은 산은 백두산이다. "동해 물과 백두산이 마르고 닳도록……", 무려 애국가에 등장하는 산이다. 높이는 2,744미터. 놀랍다. 글을 쓰고 있는 지금, 갑자기 떠올렸는데도 백두산의 높이가 생각나다니. 언제 외웠는지 모를 숫자인데 말이다. 민족의 영산 대접을 받는 산이지만 저 멀리 중국 땅을 통해서만 올라갈 수 있는 산이다. 그리고 산 정상에 천지라는 커다란 호수를 가진 산. 한때 천지에 영국의 네스호와 마찬가지로 괴물이 살고 있다는 확인되지 않은 소문(네스호의 소문도 확인되지 않은 것은 마찬가지다)도 있었다. 여하튼 여러 가지 신비한 요소를 가지고 있는 산이 바로 백두산이다.

백두산은 우리나라의 사료에도 몇 가지 이름으로 여러 차례 등장한다. 『삼국사기』, 『삼국유사』 등에 등장하는 '태백산'은 백두산을 의미한다고 알려져 있다. 백두산은 10세기에 대규모 폭발을 일으켰다. 당시 폭발에 따른 화산재는 백

백두산 천지. 약 19.5억 톤의 물을 담고 있다. 이는 대청댐의 저수량인 14.9억 톤보다도 많은 양이다(출처: 위키미디어).

두산의 동쪽으로 넓은 지역을 뒤덮었고, 일본까지 상당량의 화산재가 날아가 쌓였다. 일본에는 당시 폭발에 따른 화산재를 목격했다는 기록이 있다고 한다. 당시 백두산의 폭발은 1세기 이탈리아 폼페이를 멸망시킨 '베수비오' 화산 폭발보다 100배 더 강력했다고 추정된다.

반면 한라산은 다른 의미에서 가장 높은 산이다. 범위를 한반도가 아닌 남한으로 한정한다면 그렇다. 조금 다른 이야기지만, 고등학생 때 수학여행으로 처음 제주도를 가본 적이 있다. 짧은 머리를 하고 한라산을 찾겠다고 고개를 이리저리 한참이나 돌렸던 기억이 난다. 제주 어디에서나 보

하늘에서 본 한라산의 모습. 제주도는 사실 섬 전체가 산이라고 해도 틀린 말은 아니다 (출처: 위키미디어).

이는 산이 한라산이지만, 하필 수학여행을 갔던 그때는 폭설이 내려 한라산을 보지 못한 것이 내내 아쉬웠다. 섬과 어우러진 한라산의 모습은 굉장히 인상적이다. 특히 맑은 날 착륙 직전에 제주행 비행기의 창을 가득 메우던 한라산의 웅장한 모습은 지금도 눈에 선하다.

한라산은 역사시대에는 분출한 기록이 없다. 제주도는 선사시대인 약 120만 년 전부터 10만 년 전까지 네다섯 번의 화산활동의 영향으로 만들어졌다. 그 결과 제주도는 아름다운 한라산뿐 아니라 수많은 오름도 품게 되었다. 그 오름들은 제주에 특별함을 더했고, 어떤 자연경관보다 멋지고 신비한 제주의 모습을 완성했다.

우리가 화산이라고 정의하는 산들은 공통된 특징이 있다.

어느 날 갑자기, 아니면 여러 번에 걸쳐 땅속 깊은 곳에 있던 마그마가 지각을 뚫고 올라와 만들어진 산이라는 것이다. 마그마가 땅을 뚫고 올라왔다는 사실은 가끔 화산이 역경을 딛고 만들어진 위대한 자연이라는 생각을 하게 만든다. 물론 대륙 충돌의 결과로 생성된 히말라야처럼 더 경이로운 것들도 있다. 원래 자연이 그런 것이지만.

화산이라는 단어는 두 가지 의미가 있다. 첫 번째는 산山, 그러니까 지형적으로 평야·평원과 대비되는 용어가 강조되어서 화산활동의 결과로 만들어진 우뚝 솟은 지형을 뜻한다. 두 번째는 마그마가 지각을 뚫고 올라오는 현상 그 자체를 말한다. 학창 시절 교과서에서 배웠듯 화산을 구분하는 기준은 여러 가지가 있다. 활동 유무, 형태, 성분에 따라 분류한다. 간단하게 설명하면 지금도 화산활동을 하는지, 평평한지, 오뚝한지 등의 기준으로 분류한다는 뜻이다.

화산이 폭발하면 어떤 일이 벌어질까? 하와이에는 계속해서 솟구치는 용암을 볼 수 있는 장소가 있다. 인기 있는 관광명소다. 그런데 화산활동이 심해지면 관광이 중단되기도 한다. 너무 위험하기 때문이다. 갑자기 날아든 용암 덩어리가 관광객을 태운 보트 위에 떨어지는 사고가 있기도 했다. 그러나 생각보다 많은 사람이 그 위험성을 잘 인식하지는 못한다. 특히 우리나라 사람은 대부분 지진이나 화산에 대해서는 잘 모른다. 직접 경험해보지 못했기 때문이다.

많은 사람이 영화나 애니메이션에서 본 것만 가지고 화산 폭발이 일어나도 충분히 용암을 피할 수 있다고 생각한다. 달려서? 자동차를 타고? 위험하기 그지없는 일이다. 성분에 따라 아주 느릿느릿 밀려 내려오는 용암도 있지만, 급류가 흐르듯 빠른 속도로 밀려드는 용암도 있다.

가장 위험한 것은 '화산쇄설류'다. '화쇄류'라고도 하는데, 화쇄류는 용암 같은 화산 분출물과 뜨거운 가스가 혼합되어 빠른 속도로 흐르는 불의 지옥쯤으로 생각하면 된다. 속도가 빠를 경우 초속 100미터의 속도로 흘러내린다. 화쇄류에 휩쓸리면 끝이다. 남부 이탈리아의 유명한 관광지 '폼페이'가 바로 이 화쇄류에 휩쓸리고 화산재에 파묻힌 도시다. 폼페이는 79년에 '베수비오' 화산이 폭발하면서 생긴 비극을 간직한 도시다. 이곳에 가면 볼 수 있는 사람 모양의 석고상들은 그때의 슬픈 현실을 고스란히 보여준다. 뜨거운 냄비에 잠깐 닿은 손도 아픈데, 그 시대에 폼페이에 살던 사람들이 겪은 고통은 얼마나 컸을까? 모골이 송연하다.

백두산과 한라산이 폭발한다면 어떻게 될까? 화산은 일반적으로 마그마의 성분에 따라 폭발 유형이 달라진다. 규모나 지하에 축적된 압력(에너지)도 영향을 미친다. 백두산은 폭발적으로 용암을 분출하고 한라산의 경우는 비교적 조용하게 용암을 흘려보낼 것으로 예상되지만, 실제 일어나지 않은 일은 아무도 모른다.

폼페이에서 볼 수 있는 사람 모양의 유물로 화석은 아니다. 화산재가 쌓인 후 유기물이 사라진 빈 공간에 석고를 부어서 만들었다.

전문가들은 백두산이 특히 더 위험하다고 말한다. 천지의 존재 때문이다. 음식을 만들다가 달아오른 냄비나 젓가락에 실수로 찬물을 부어본 경험이 있을 것이다. 요란한 소리와 뿌연 수증기를 내뿜는 것을 보면 자기도 모르게 어깨가 움츠러든다. 천지는 상당히 깊은 호수다. 평균 수심이 200미터가 넘는다. 천지가 담고 있는 물의 양도 거의 19.5억 톤에 이른다. 우리나라에서 저수량이 가장 많은 댐인 소양강댐의 저수량이 29억 톤이라는 사실을 감안하면 엄청난 양이다. 이 물은 화산이 폭발할 때 폭발력을 한층 강화시키는 역할을 한다. 그냥 그 물이 한꺼번에 터져 나오기만 해도 주변 몇 개의 마을은 흔적도 없이 사라질 것이 자명하다. 자연은 위대하다. 때로는 자애롭지만 분노하면 그 무엇도 막을 수 없다. 우리 인간들은 스스로 만물의 영장이라 자부하지만, 자연 앞에서는 항상 겸손해야 한다.

얼마 전에 백두산이 몇 년 내로 폭발할 확률이 100퍼센트라는 이야기가 퍼지면서 많은 사람이 두려움에 휩싸인 적이 있다. 하지만 화산학자들은 몇 년까지 반드시 화산이 폭발한다는 식의 단정적인 말은 하지 않는다. 정확히 판단하는 것은 불가능하기 때문이다. 백두산은 활화산이기 때문에 언제든 폭발할 가능성은 있다. 다만 그 시기나 규모를 단언하는 것은 불가능하다. 특히 백두산을 연구하는 전문가들은 백두산이 화산 폭발 직전에 보이는 현상, 예를 들어 잦은 지진, 지형의 변화, 갑작스러운 가스 분출 등의 현상이 2023년 1월 현재는 보이지 않고 있다고 하니 크게 걱정하지 않아도 될 듯하다.

예전에 지질학 공부를 하다가 잠깐 방바닥에 누워 백두산이 폭발하면 어떤 모습일지 상상해본 적이 있다. 남한은 백두산에서 멀리 떨어져 있어 비교적 안전하겠지만 백두산 정상에서는 불과 물의 엄청난 싸움이 일어나고 있을 것이 틀림없다. 누군가 그 광경을 지켜본다면 가끔 붉은색 용암이 비치고, 먼지와 수증기가 폭발하듯 흩날리고, 엄청난 굉음을 토해내는 모습을 무엇이라 생각할까? 화산 폭발이 아니라 불의 신과 물의 신이 서로 싸우고 있다고 생각할 수도 있지 않을까?

심해, 그 심연의 세계

코로나19로 한동안 사람들의 발길이 뜸했지만, 북태평양의 가장 유명한 휴양지 중 한 곳은 여전히 괌과 사이판이 속해 있는 북마리아나 제도다. 괌과 사이판의 바로 옆 바다는 세계에서 가장 깊다. 깊이가 무려 1만 1,000미터나 된다. 가장 높은 산인 에베레스트 산의 높이가 8,844미터에 불과하고 국제선 항공기가 날아다니는 높이가 통상 10킬로미터 내

바다, 특히 깊은 바다인 심해는 아직까지 인류가 잘 알지 못하는 미지의 세계다.

외인 것을 고려해보면 얼마나 깊은지 알 수 있다.

내가 바다를 처음 본 것은 초등학생 때였다. 컴퓨터 학원에서 단체로 소풍을 갔다. 장소는 동해안의 어느 해수욕장이었다. 내가 다니던 초등학교에 그 당시로는 드물게 수영장이 있었던 터라, 갈고닦은 실력을 바다에서 마음껏 발휘하면 누구보다 멋지게 바다수영을 할 수 있을 거라는 자신감에 한껏 취해 있었다. 하지만 바다를 마주한 순간, 그 자신감은 자만이었음을 깨달았다. 파도가 한 번씩 밀려올 때면 뒷걸음질 치기 바빴다. 고작 1미터 정도의 파도가 한 번 칠 때마다 얼마나 많은 사람이 저 바다에서 생을 마쳤을까 하는 생각에 머리카락이 쭈뼛쭈뼛 서는 느낌이었다. 결국 그

날 바닷물에 겨우 허리까지 적시고는 친구들의 웃음소리에 멋쩍게 같이 웃어주는 게 내가 할 수 있는 전부였다.

그 이후 바다에 대한 내 공포심은 여전히 남아 있다. 13년 전 신혼여행에서도 바다는 무서웠다. 스노클링 장비를 걸치고 섬에서 조금만 멀리 헤엄쳐 나가면 심연으로 빠져들 것 같은 바닷속 낭떠러지가 보였다. 그 절벽 면에는 아름다운 산호들이 군락을 이루고 있었고 수많은 열대어가 돌아다니고 있었다. 정말 아름다운 풍경이었지만 가까이 가서 볼 엄두는 나지 않았다. 발아래 바닥이 보이지 않는 그 절벽, 똑같이 잔잔한 바다였지만 그 깊이에 대한 공포 때문이었다. 나는 스노클링은 몰라도 스킨스쿠버는 평생 할 수 없으리라.

바다 하면 떠오르는 역사적 인물들이 있다. 아마 보통 사람들은 '다가마', '마젤란', '콜럼버스' 같은 서양의 탐험가들과 중국의 대함대를 이끌었던 환관 '정화', 우리나라의 해상왕 '장보고'나 조선 숙종 대에 활약했던 '안용복' 같은 이들을 떠올릴 것이다. 하지만 나는 이들과는 조금 다른 사람들이 생각난다. 바로 우리나라 고대사에 등장하는 '허황옥'과 '혜초'다.

허황옥은 인도에서 긴 항해 끝에 가야에 도착해 김수로왕과 결혼했다고 알려진 아유타국의 공주이고, 혜초는 통일신라의 승려로 인도를 여행했다고 알려져 있다. 고대에 바다를 통해 먼 거리를 오갔다는 것은 여간 어려운 일이 아니었을 것이다. 항해술도 지금과 비교하면 기술이랄 것도 없었을 테고, 선박은 지금처럼 튼튼하지 못했을 것이다. 일기예보는 요원한 일이어서 천운이 따라야 목적지에 도착할 수 있었을 것이다. 어쩌면 배를 타고 출항하는 것 자체가 살아서 도착하는 것보다 바다에서 죽을 확률이 더 높은 무모한 행위였을지도 모른다. 풍랑에 흔들리는 배 위에서 높은 파도를 바라보며 그 두 사람은 무슨 생각을 했을지 늘 궁금했다. 자신들이 뜻한 바를 이룰 수 있도록 제발 죽지 않게 해달라고 빌며 살아나기만 한다면 반드시 큰 뜻을 펼치리라 더욱더 다짐하지 않았을까?

어떤 전문가들은 인류가 지구 밖 우주에 대해 아는 것보다 심해에 대해서 아는 것이 더 적다고 말한다. 우리는 얕은 바다에 대해서는 비교적 많은 것을 알고 있다. 바다의 흐름인 해류에 대해서도 알고, 주요 어족자원에 대해서도 잘 파악하고 있다. 세계 곳곳의 바다의 염분 농도와 수온 같은 정보는 인공위성 덕에 실시간으로 파악되기도 한다. 하지만 깊은 바다는 완전히 다른 세상이다.

심해의 가장 큰 특징은 크게 두 가지로 정리할 수 있다. 칠흑 같은 암흑과 엄청난 압력이 그것이다. 햇빛은 물속을 무한정 뚫고 지나가 바닥을 비출 것 같지만 전혀 그렇지 않다. 200~300미터 정도의 바닷속만 해도 이미 식물의 광합성은 불가능해진다. 2,000~3,000미터 정도의 심해부터는 완전한 암흑이 된다. 이 때문에 사람들은 한동안 심해에는 아예 생명체가 없다고 믿었다. 하지만 심해에도 다양한 생물이 산다. 빛이 없는 환경적 특징 때문에 특이한 신체구조를 가진 녀석들이 많다. 눈이 퇴화되었거나 몸이 투명해서 내장구조가 겉으로 훤히 드러나는 생물도 있다. 하지만 생물체의 밀도는 얕은 바다에 비해서는 눈에 띄게 낮은 것이 사실이다. 심해에도 살아가는 생물들이 있다는 것이지, 산호초 군락의 열대어처럼 엄청난 숫자의 생명체들이 살고 있다는 의미는 아니다.

심해의 두 번째 특징은 엄청난 압력이다. 잠수함을 소재로 한 영화를 보면, 적의 탐지를 피해 깊은 바다로 잠수하는 상황이 꼭 등장한다. 그럴 때면 승조원들이 함장을 향해 "더 이상 잠항은 위험합니다!"라든가 "한계 심도에 도달했습니다!"와 같은 비명 섞인 대사를 외친다. 그리고 그럴 때면 어김없이 잠수함 선체에서 '쩌렁', '쩡' 하는 소리가 난다. 어딘가에서 물이 터져 나오거나 다른 긴박한 상황으로 이어진다. 바로 압력 때문이다. 물속으로 들어가면 사방에서 압력을 받는다. 통상 수심이 10미터 깊어질 때마다 대기압(지상에서 우리가 느끼는 압력, 1기압)의 압력이 추가로 가해진다. 수심이 1만 미터라면 물 밖에서 느끼는 압력의 1,000배에 달하는 압력을 느끼게 되는데, 표현을 조금 바꿔보면 가로세로 1센티미터인 네모 칸 위에 1톤짜리 자동차가 올라가 있는 것과 같은 압력을 받는다는 뜻이다. 이런 어마어마한 압력은 인류의 심해 탐험을 가로막는 가장 큰 장애 요인이었다.

과학기술이 점점 발전하면서 인류는 심해에 대해 조금 더 많은 것을 알게 되었다. 그리고 앞으로도 더 많은 것을 알게 될 것이다. 유럽연합에 기후정보를 제공하는 코페르니쿠스 기후변화서비스C3S에 따르면 2020년 5월은 역사상 가장 더운 5월이었다고 한다. 해수면의 온도 상승은 이미 여러 해 전부터 과학자들이 관심을 가져온 주제다. 그리고 온난화는 심해에도 영향을 미치고 있다. 당장 온실가스 배출이 줄어든다고 해도 지금까지 축적된 영향으로 심해의 온도는 2050년까지 계속해서 상승할 것이다. 심해의 생물들은 약간의 온도 변화에도 심각한 영향을 받는다. 그 영향은 인간을 비롯한 육상생물들이 느끼는 기온의 변화보다 훨씬 크다.

미국의 유명한 영화감독인 '제임스 카메론'은 특히 심해에 관심이 많은 사람이다. 심해 탐사에 관한 다큐멘터리를 발표하는가 하면, 2012년에는 직접 잠수정을 타고 수심 1만 미터 아래 심해를 탐험한 한 적도 있다. 2022년 말에 개봉한 〈아바타 2: 물의 길〉의 배경이 수중세계인 것은 어쩌면 당연한 결과다.

2019년에는 미국의 한 탐사팀이 잠수정을 이용해서 수심 1만 928미터 깊이의 마리아나 해구의 바닥에 다다랐다. 새로운 종의 심해 생물도 많이 발견한 덕에 심해 탐험 역사의

바닷속에 떠다니는 비닐 쓰레기. 지구에서 가장 깊은 바다인 마리아나 해구 안쪽에서도 비닐 쓰레기가 발견되었다(출처: 위키미디어).

한 페이지를 장식한 탐사였다. 그런데 이때 새로운 종의 발견보다 더 큰 관심을 끈 것은 마리아나 해구 바닥에서 발견된 비닐 쓰레기였다. 사람들이 버린 쓰레기들이 가장 깊은 바다 아래까지 퍼져나간 것이다. 지구를 파괴하고 있는 우리의 흔적이 바다의 가장 깊은 곳에서도 발견되는 현실이 여간 씁쓸하지 않다.

보통 '인간을 제외한 지적 생명체' 하면 외계인을 떠올린다. 우주 저편 어딘가에 살고 있을지 모를 지적 생명체에 대한 판타지는 밤하늘을 올려다본 사람이라면 누구나 가지게 된다. 하지만 조금만 관점을 달리하면 생뚱맞지만 이런 상상도 가능하다.

'우주가 아니라 지구 어딘가에 또 다른 지적 생명체가 있지는 않을까?'

정말 그렇다면 우리가 아직 풀지 못한 수수께끼인 저 심해, 그곳 어딘가에 그들이 살고 있지는 않을까? 마리아나 해구 밑바닥의 비닐 쓰레기도 그들이 지구의 환경을 파괴하는 인류에게 경고하기 위해 일부러 놓아둔 것일 수도 있지 않을까?

인류가 등장하기 전, 지구의 지배자는?

과학에도 사람들이 좋아하는 '킬러' 콘텐츠가 있다. 그중 가장 대표적인 것이 바로 공룡이다. 아이들이 있는 집이라면 공룡 장난감이 한두 개는 꼭 있다. 그리고 텔레비전 채널을 돌리다 보면 공룡을 소재로 한 만화 시리즈나 다큐멘터리를 종종 볼 수 있다. 나는 개인적으로도 〈쥐라기 공원〉이라는 영화가 처음 나왔을 때 느꼈던 강렬함을 아직도 생생히 기억하고 있다.

사람들이 공룡을 좋아하는 이유가 뭔지 생각해본 적이 있다. 어떤 요소가 사람들의 마음을 사로잡는 것일까? 고민 끝에 나 나름의 결론을 내렸다. 먼저 공룡은 실존하지 않는 존재라는 점이 사람의 흥미를 자극한다. 실체를 확인할 수 없기 때문에 더 궁금해진다. 인류가 공룡에 관해 연구할 수 있는 재료는 지층에서 발굴되는 화석이 거의 전부다. 그것만으로도 과학자들은 정말 많은 사실을 알아냈지만, 아직까지는 모르는 것이 더 많다. 직접 볼 수 없다는 사실 자체가 사람들의 호기심과 상상력을 자극하는 포인트다. 그 상상력이 중요한 역할을 한다.

두 번째는 공룡의 거대함에 있다. 가장 거대하다고 알려진 공룡은 백악기 후기에 살았던 '아르젠티노사우르스'다. 이 공룡은 이름에서 알 수 있듯이 아르헨티나에서 발견된 공룡이다. 몸길이가 무려 30미터 이상, 무게도 70톤 이상으로 추정된다. '브라키오사우르스', '아파토사우르스' 같은 용각류 초식공룡뿐 아니라 '티라노사우르스' 같은 수각류 육식공룡도 큰 몸집을 자랑했다. 참고로 공룡은 '골반 뼈'의 모양으로 분류하는데, 골반 뼈가 도마뱀과 비슷하면 용반목, 새와 비슷하면 조반목으로 나뉜다. 용반목은 다시 용각류와 수각류로 분류하는데, 용각류는 네 다리로 걷고 수각류는 두 다리

공룡 화석. 공룡은 아이들이 가장 좋아하는 과학 콘텐츠 중 하나다. 보통 자연사박물관에서 만나는 이런 완벽한 형상의 모형은 아쉽지만 대부분 복제품이다(출처: 위키미디어).

로 걷는다는 점이 특징이다. 조반목도 검룡류, 곡룡류, 각룡류 등으로 다시 나뉜다. 여하튼 우리는 거대한 것을 좋아한다. 현존하는 동물 중에서 코끼리와 흰긴수염고래의 인지도가 상당히 높은 것도 같은 이유가 아닐까?

사람들이 공룡을 좋아하는 마지막 이유는 주변에서 접할 수 있는 콘텐츠 덕분일지 모른다. 공룡들이 주인공으로 등장하는 만화 애니메이션이 있고, 공룡 모양의 장난감과 공룡을 소재로 한 책이 아이들 주변을 가득 채우고 있다. 좋아하니까 콘텐츠를 만드는 것인지, 콘텐츠 때문에 좋아하는 것인지 선후는 명확하지 않지만, 긍정적인 선순환 구조를 만들고 있는 것은 사실이다.

그런데 조금 아쉬운 점이 있다. 우리나라 사람들에게 가장

경기도 화성에서 발견된 코리아케라톱스 화석. 코리아케라톱스는 백악기 전기 우리나라에 살았던 각룡류 공룡이다(출처: 위키미디어).

인지도가 높은 공룡은 '티라노사우르스', '트리케라톱스', '브라키오사우르스' 같은 녀석들이다. 인기가 많은 이유가 있기는 하지만 대부분 우리나라에서 화석이 발견된 녀석들은 아니다. 우리나라에 많은 공룡 화석지가 있지만, 이 같은 사실은 잘 알려져 있지 않다. 세계에서 공룡 발자국 화석이 가장 많이 발견되는 진주층과 진동층이라는 지층은 경남 남해·진주·마산·고성 등지에 분포되어 있다. 특히 경남 고성에 있는 천연기념물 411호인 '상족암'은 한때 세계 3대 공룡 화석지로 꼽히기도 했다. 그리고 몇 년 전에 진주 뿌리산단 조성지에서 공룡 발자국이 단일 화석지로는 세계 최대 규모인 1만 개 이상 발견되었다. 문화재청에서 그 가치를 인정해 '현지 보존' 결정을 내렸다.

또 한 가지 우리나라에서 발견되어 한국 이름을 가진 공룡도 있다. '코리아노사우루스 보성엔시스', '코리아케라톱스 화성엔시스'가 주인공이다. 이름에서 알 수 있듯이 전남 보성과 경기 화성에서 발견되어 붙여진 이름이다. 하동에서 발견된 '부경고사우르스'라는 녀석도 있는데, 이 공룡의 이름은 부경대학교 연구팀이 발견했다고 해서 붙여진 이름이다.

주변에 공룡 장난감을 가지고 노는 것을 좋아하는 아이들이 있다면, 아이들과 함께 우리나라의 공룡 화석지를 직접 찾아가보면 어떨까? 아니면 집 근처에 자연사박물관이나 과학관을 방문해보는 것도 좋은 방법이다. 아이들의 초롱초롱한 눈망울을 볼 수 있을 것이다.

화석? 그거 동물의 뼈 아니야?

화석이 뭔지 모르는 사람은 거의 없다. 대한민국 국민이라면 누구나 공룡 화석을 한 번 이상 본 적이 있다. 텔레비전이나 인터넷에서 가끔 접할 수 있고, 무엇보다 교과서에도 사진이 여러 장 나오기 때문이다. 과학에 관심이 있는 사람이라면 과학관 같은 곳에서 사진이 아닌 실제 공룡 화석(모조품인 경우가 더 많긴 하지만)을 한번쯤 봤을 수도 있다. 하지만 과학에 관심이 많은 사람이라 하더라도 가끔 화석에 대해 오

삼엽충 화석. 우리나라에서도 강원도 태백 지역에서 삼엽충 화석이 발굴된다.

해하는 경우가 있다. 그 오해는 화석을 실제 '뼈'라고 생각하는 것이다.

화석化石이라는 단어는 '돌이 되었다'라는 뜻이다. 다시 말해 화석은 그냥 '돌'이라는 의미다. 생명체의 모양 그대로 광물(돌의 성분)이 스며들어 돌로 변한 것이 바로 화석이다. 생물체의 모양 그대로 돌이 된 경우는 물론이고 발자국처럼 생명체의 흔적이 찍힌 것도 화석이다.

화석으로 남은 생물은 대부분 오래전 지구상에 살았던 개체다. 가장 오래된 화석은 약 35억 년 전에 살았던 생물이 남긴 것이다. 그럼 오랜 옛날에 살았던 생물은 모두 화석이 되는 것일까? 그렇지는 않다. 화석이 되는 것은 쉬운 일이 아니다. 생물은 생명이 다한 순간부터 썩기 시작한다. 생태계에는 청소부의 역할을 하는 존재(분해자 역할을 하는 미생물이 언제 출현했는지는 논외로 하자)들이 있기에 주검은 순식간에 분해가 된다.

그래서 화석이 되기 위해서는 몇 가지 조건을 충족해야 한다. 개체 수가 많은 생물일수록 화석으로 남기에 유리한 것은 당연하다. 그리고 뼈 같은 딱딱한 부위를 가진 생물일수록 화석으로 남을 가능성이 커진다. 마지막으로 화석, 다시 말해 돌로 변하기 위해서는 빨리 흙 속에 묻혀야 한다.

몸 전체가 흐물흐물한 해파리 같은 생물은 몸에 딱딱한 부위가 없어서 화석이 되기 쉽지 않다. 당연한 이야기지만 동물의 뼈는 화석으로 발견되지만, 피부나 근육 조직은 화석으로 잘 남지 않는 것도 같은 이유다. 또 하늘을 날아다니는 생물인 조류는 사후에 바로 흙 속에 묻히기 힘들다는 이유로 화석이 많이 발견되지 않는다.

우리나라에도 화석이 발견되는 장소가 제법 된다. 앞서 살펴본 것처럼 경남 고성이나 진주, 경기 화성 등지에서는 공룡 화석이 많이 발견되었다. 이들 지역에서 발견된 공룡의 발자국 화석은 세계적으로도 유명하다. 또 강원도 영월과 태백 등 석회암 지역에서는 운이 좋으면 삼엽충이나 고사리 화석을 발견할 수도 있다.

당연한 이야기지만 화석은 퇴적암에서 발견된다. 뜨거운 마그마에서 만들어진 화성암이나 높은 열과 압력을 받아 변형된 변성암에서는 화석이 남아 있을 수 없기 때문이다. 우리나라의 많은 지역은 변성암과 화강암 지대다. 당연히 그런 지역에서는 화석을 만날 수 없다.

어린 시절에 비 온 운동장에 신발 자국을 찍어놓고 화석을 발견했다고 농담을 주거니 받거니 했던 기억이 있다. 또 산기슭에서 흙을 파며 놀다가 괜히 동물의 뼈 하나라도 나오면, 화석을 찾았다고 소리치며 놀기도 했다. 지금도 그런 아이들이 있는지 모르겠지만, 만약 있다면 정확히 설명해줄 수 있다.

"어, 그거 화석 아니야! 그건 그냥 동물의 뼈야."

가끔, 진지하게 생각해보기

우리나라를 대표하는 과학자?

"아름다운 이 땅에 금수강산에~ 단군 할아버지가 터 잡으시고~"

이런 가사로 시작하는 노래가 있다. 〈한국을 빛낸 100명의 위인들〉이라는 동요인데 누구나 한번쯤 들어본 노래일 것이다. 모 교육 콘텐츠업체에서 올려놓은 유튜브 영상의 조회 수는 무려 1,000만 회가 넘는다. 말 그대로 으뜸 킬러 콘텐츠다. 이 노래에는 우리나라 인물 100명이 등장한다. 그 100명의 선정 기준이 잘못되었다는 논쟁이 있기는 하지만 그런 것은 생각하지 말자. 지금은 조금 다른 의미에서 이 노래를 살펴보려고 한다. 노랫말에 등장하는 위인 100명 중 '과학자'라고 할 만한 사람은 몇 명이나 있을까?

내 기준으로 보자면 과학자는 총 여섯 명이다. 화포를 개발한 최무선, 조선 최고의 과학기술자 장영실, 과학기술 전성기를 이끈 세종대왕(노래에는 '태정태세문단세'의 '세'로 잠깐 등장한다), 대동여지도를 만든 김정호, 거중기를 고안한 정약

(왼쪽부터) 세계적인 육종학자 우장춘, 나비학자 석주명, 임학자 현신규. 이들은 우리나라를 대표하는 과학자로 뛰어난 업적을 많이 남겼다(출처: 한국학중앙연구원).

용, 종두법을 보급한 지석영이 바로 그들이다. 물론 장영실을 제외하고는 과연 과학자가 맞느냐는 의문을 제기할 수 있겠지만, 앞서 언급한 대로 순전히 내 기준이다.

위 노래에 포함되어 있지 않고 사람들에게도 많이 알려지지는 않았지만, 우리나라에도 훌륭한 과학자들이 있었다. 조선시대를 살펴보면 장영실과 함께 세종대왕 시절에 천문기구 제작, 금속활자 주조 등에 기여한 이천이 있고, 우리나라에 맞는 역법을 만든 이순지도 있다. 『동의보감』을 저술한 허준 또한 충분히 과학자라 할 만하다. 광복 이후에 우리나라를 대표하는 과학자로는 육종학자 우장춘, 나비학자 석주명, 나무연구가 현신규 등을 꼽을 수 있다(생존해 계신 분들은 논하지 않겠다).

우리나라 과학기술자 중에 대중적으로 널리 알려지지는 않았지만 내가 좋아하는 사람이 있다. 바로 조선 후기에 영의정까지 지냈던 정승 최석정과 실학자 홍대용이다. 최석정은 세계적 수학자인 오일러Euler보다 60년 앞서 9차 직교라틴방진을 발견했고, 이를 활용한 마방진을 만들었다. 국제적으로도 소개된 사실인데, 한동안 우리나라 언론에서도 많이 다룬 적이 있다. 어쩌면 최석정은 당대 세계 최고의 수학자 중 한 사람이었을지 모른다. 홍대용은 지구 자전설과 무한 우주론을 주장한 인물이다. 청나라를 방문해 당시 최신의 천문학과 지리학 등을 배웠고 이를 국내에 전파했다. 그때 조선은 여전히 중화사상을 중심에 두고 있던 시기였다. 그런 가운데 홍대용은 중국에 머무는 짧은 기간 동안 알게 된 사실을 이성적으로 받아들인 과학적 사고의 소유자였다.

가끔 나는 이런 생각을 하곤 한다. 우리나라가 과학기술을 좀 더 중시했다면 어땠을까? 서양 문물을 조금 더 일찍이 받아들였다면 지금 우리나라는 어떤 모습일까? 조선 전기만 해도 세계 최고 수준의 과학기술을 가지고 있었으니, 그 시대를 토대로 우리의 과학기술을 더 발전시켰다면 세계사에서 우리나라가 차지하는 비중이 훨씬 커지지 않았을까?

몇 년 전 텔레비전 트로트 경연 프로그램에서 어린 참가자가 〈보릿고개〉라는 노래를 멋들어지게 불러 호평을 받은 적이 있다. 보릿고개는 가을에 추수한 쌀이 떨어지고, 보리는 아직 수확할 수 없는 배고픈 시기를 뜻한다. 이 보릿고개는 1970년대 들어서 사라졌는데, 여기에는 우리나라 육종학

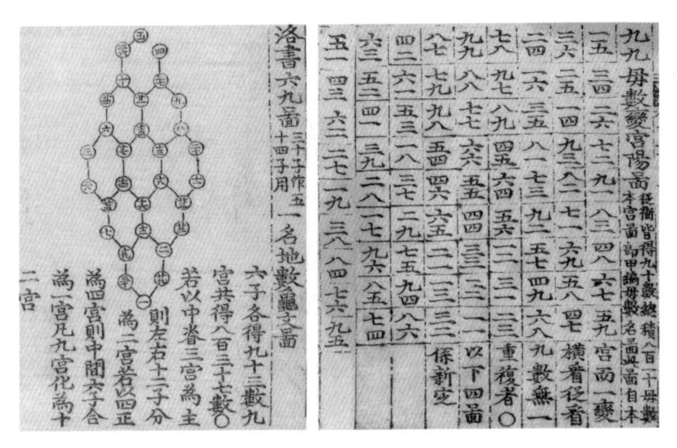
洛書六九圖 三十子作五十四子用 一名地數龜文圖

六子各得九十三數九宮共得八百三十七數○若以中沓三宮為主則左右十二子分為二宮若以四正為四宮則中間六子合為一宮凡九宮化為十二宮

九九母數變宮陽圖

조선 숙종 때 재상이었던 최석정이 지은 수학책 『구수략』.

자 허문회 교수의 노력이 있었다. 허문회 교수가 개발한 것이 바로 '통일벼'다. 통일벼는 재래 품종에 비해 30퍼센트 이상 많은 쌀을 생산하는 품종이었다. 통일벼가 도입된 이후 대한민국은 비로소 오랜 굶주림과 가난의 역사에서 벗어날 수 있었다. 우리가 허문회를 기억해야 하는 이유다.

2022년 7월, 기억해야 할 또 한 명의 과학자 이호왕 교수가 세상을 떠났다. 이호왕 교수는 1976년 유행성출혈열의 원인인 '한탄바이러스'를 발견했고, 1988년에는 한탄바이러스 예방 백신까지 개발했다. 이호왕 교수가 개발한 백신은 지금도 전방부대 장병들에게 접종되고 있다. 유행성출혈열의 치사율은 2~3퍼센트에 이른다. 이호왕 교수의 연구 덕분에 우리나라의 젊은이들이 안전하게 군 생활을 했고, 주로 야외에서 활동하는 일을 하는 사람들도 유행성출혈열에 대한 걱정을 덜게 되었다.

이 글에서 언급한 분들 외에도 우리 역사에는 수많은 과학기술인이 있었다. 지금도 우리나라에는 많은 과학자가 있다. 우리 모두 과학기술자가 되지는 못하지만, 지금도 우리가 좀 더 건강하고 편안한 삶을 살 수 있도록 자신의 분야에서 최선의 노력을 다하고 있는 과학기술자들이 있다는 사실은 반드시 기억하자. 분명한 것은 그들 덕에 우리가 좀 더 나은 삶을 살게 될 것이라는 점이다. 우리에게는 허문회와 이호왕만 있는 게 아니기 때문이다.

좀 더 쉽게 표현한다

다른 사람에게 무언가를 전달하고 싶을 때, 가장 쉽게 할 수 있는 방법은 말이나 글로 설명하는 것이다. 예를 들어 호랑이를 설명한다면 "고양잇과의 포유류. 몸의 길이는 2미터 정도이며, 등은 누런 갈색이고 검은 가로무늬가 있으며 배는 흰색이다. 꼬리는 길고 검은 줄무늬가 있다. 삼림이나 대숲에 혼자 또는 암수 한 쌍이 같이 사는데 시베리아 남부에서 인도, 자바 등지에 분포한다"(출처: 국립국어원 우리말샘)라고 설명할 수 있다.

하지만 '말'로 설명하는 데는 한계가 있다. 호랑이를 한 번도 본 적 없는 사람에게 말로만 호랑이를 설명한다면 그가 실제와 같은 호랑이를 머릿속으로 상상했다고 확신할 수 없다. 말로 열 번 설명하는 것보다 실제로 한 번이라도 눈으로 보는 것이 훨씬 이해하기 쉽다. 호랑이로 예를 들어 설명했지만, 사실 이런 문제는 상당히 다양한 분야에서 나타난다. 그리고 이 문제는 과학에도 그대로 적용된다.

과학적 현상을 설명하는 가장 확실한 방법은 눈으로 보여주는 것이고, 다음은 사진이나 영상으로 전달하는 것이다. 하지만 과학은 그렇게 하기에 어려울 때가 많다. 눈에 보이지 않는 현상이나 힘에 대한 설명은 직접 보여줄 수도, 사진기로 촬영할 수도 없기 때문이다. 눈으로 볼 수 없는 아주 작은 세계에서 일어나는 일이나 우주처럼 엄청난 규모의 세계에서 관찰되는 현상도 마찬가지다.

한 예로 전 세계적 이슈인 코로나19 바이러스는 직접 우리 눈으로 볼 수 없다. 우리가 뉴스나 텔레비전에서 보는 코로나19 바이러스 이미지 대부분은 누군가가 그림으로 그린 것이다. 전자현미경 같은 장비로 볼 수는 있지만, 경계가 명확하지 않기 때문에 바이러스의 구조를 명백히 알아보기는 쉽지 않다. 우리가 보는 코로나19 바이러스의 모습은 이들의 특징을 잘 잡아 좀 더 명확하고 알기 쉽게 누군가가 표현한 것이다.

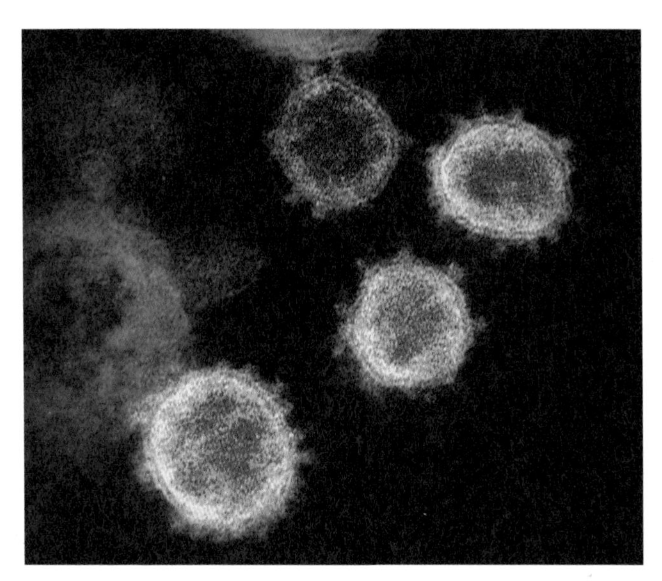

코로나19 바이러스. 바이러스는 아주 작은 크기를 가지고 있어서 최신 전자현미경으로 관찰해도 그 구조를 명확히 이해하기 쉽지 않다(출처: 위키미디어).

시각화를 통해 과학적 내용을 쉽게 전달하는 일을 전문적으로 하는 사람들이 있다. 그런 사람 전체를 '사이언스 일러스트레이터'라고 하는데, '메디컬 일러스트레이터'나 '식물 세밀화가' 같은 사람들이 여기에 포함된다. 이들이 하는 일은 그림을 그리는 일이지만, 화가보다는 과학자에 가까운 역할을 한다.

메디컬 일러스트레이터는 병원에서 일하며 의학자들이 발표하는 논문에 들어가는 그림이나 강의 자료, 환자에게 설명하기 위한 의학용 이미지 자료를 만든다. 기본적으로

의학에 대한 지식은 물론 그림 실력도 겸비해야 하는 전문직이다. 이들은 이미지 작업을 위해 직접 수술을 참관하기도 한다. 정확한 수술과정을 더 알기 쉽게 표현해준다는 장점 외에도, 일반인들이 피가 낭자한 수술 장면 사진을 직접 볼 때 갖게 되는 거부감을 정제된 그림으로 줄여주는 역할까지 한다.

식물 세밀화가는 말 그대로 식물을 자세하게 그리는 사람이다. 식물의 구조나 모양, 질감 등을 먼저 관찰한 후 그림으로 묘사하는 작업을 한다. 이들은 그림을 그리기 전에 표본을 수집하고 관찰하는 것은 물론이고 현미경을 이용하기도 한다. 세밀한 구조까지 자세히 관찰하고 나서야 그림으로 그린다. 새로운 식물 종이 발견되면 학계에는 식물 세밀화를 통해서 보고하게 되는데, 이는 '식물 세밀화'가 사진보다 더 정확하게 식물의 특징을 보여주기 때문이다.

이외에도 화학·바이오·곤충 등 각 분야에서 전문적으로 활동하는 사이언스 일러스트레이터들이 있다. 우리나라에도 이런 직업을 가지고 활동하는 분들이 있다. 이들은 과학 발전과 대중화에 과학자 못지않게 크게 기여하고 있다. 이들의 작품은 과학 분야뿐만 아니라 예술적으로도 그 가치를 인정받는다. 우리나라에는 아직 사이언스 일러스트레이터가 부족하다. 선진국에서는 별도의 교육과정을 통해 전문적으로 육성하기도 하지만 우리나라는 미흡한 측면이 많다.

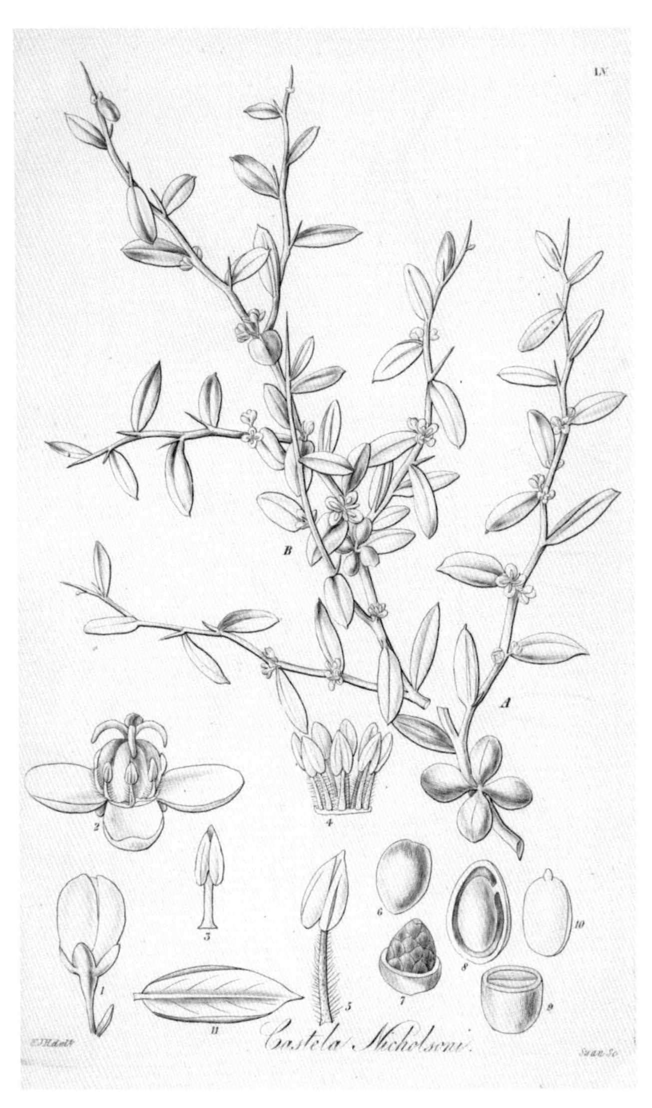

식물 세밀화는 생물 종을 과학적인 눈으로 관찰하고 각 생물 종이 가진 특징을 정확하게 그려내는 그림이다. 식물의 종류를 구분하는 데는 사진보다 식물 세밀화가 훨씬 유용하다.

혹시 그림에 소질이 있고 과학을 좋아하는 사람이라면, 사이언스 일러스트레이터에 도전해보기를 권한다. 이 분야는 확실히 '블루오션'이다.

SF 바라보기

소설 장르 중에 SF(Science Fiction)가 있다. 과학적 사실이나 이론을 바탕으로 한 이야기를 담은 장르를 뜻한다. 우리말로는 '공상과학소설' 또는 '과학소설'이라고 한다. 나는 '현실적이지 못하거나 실현될 가망이 없는 것을 막연히 그린다'는 의미를 가진 '공상'이라는 단어 때문에 '공상과학소설'이라는 명칭을 좋아하지 않는다. 영어 단어를 그대로 번역한다 해도 공상이라는 말이 붙을 이유는 없다.

SF가 갖고 있는 가장 큰 특징은 바로 '경이감'이다. 영어로 'Sense of Wonder'라고 표현하는 경이감은 우리가 지금까지 겪지 못한 것, 생각해보지 못했지만 충분히 이해할 수 있는 무언가를 접했을 때 느끼는 감정이다. 우리나라 사람들이 북극권에서 오로라를 보거나 도시에서만 자란 사람이 별이 쏟아질 듯한 은하수를 두 눈으로 직접 보게 되었을 때 느끼는 감정과 비슷하다. 우리가 사는 이 공간이 아니라 다른 시간, 다른 공간을 배경으로 펼쳐지는 이야기가 바로 SF고,

거기서 느끼는 낯설지만 신선한 감정이 바로 경이감이다. 우리가 살아가는 세상의 과학적 원리가 그대로 적용되는 이야기라는 점에서 '판타지'라는 장르와 구분된다.

세계적으로 유명한 SF 작가로는 '로봇 3원칙'으로 유명한 '아이작 아시모프'나 "충분히 발달된 과학기술은 마법과 구별할 수 없다"라는 유명한 말을 남긴 '아서 클라크'가 있다. 근래에 와서는 우리에게 너무나 친숙한 '베르나르 베르베르', 천재 SF 작가로 꼽히는 '테드 창', 중국 SF 소설 전성기를 이끈 '류츠신' 같은 작가도 많이 알려져 있다.

최근 SF가 우리 사회에서 큰 주목을 받고 있다. 1907년 쥘 베른의 『해저 2만 리』가 '해저여행기담'이라는 제목으로 우리나라에 처음 소개된 이후 한동안 소수의 독자만 찾던 SF 소설이라는 장르가 드디어 빛을 보기 시작했다. 이후 점차 SF 텍스트를 찾는 사람들이 많아졌다. 인터넷 서점 알라딘에서 2020년 발표한 자료에 따르면, 우리나라의 SF 소설 시장은 10년 동안 5.5배 성장했다고 한다. 특히 20대의 과학소설 구매 비율이 1999년에서 2009년 사이에는 3.5퍼센트에 불과했으나 2010년부터 2019년에는 19.3퍼센트로 크게 증가했다고 한다.

한동안 우리나라 SF 소설 시장에서는 베르나르 베르베르를 비롯한 외국 작가의 작품이 주류였다. 다행히 최근 몇 년은 김보영, 배명훈, 듀나, 김창규 같은 작가는 물론이고 김초

쥘 베른의 『해저 2만 리』에 수록된 삽화로 잠수함 노틸러스 호의 엔진을 묘사한 것이다.

엽, 정세랑, 천선란 같은 비교적 젊은 작가들이 등장하면서 우리 작가가 쓴 SF를 접할 기회도 많아졌다. SF를 찾는 독자들이 많아졌다는 것은 물론이고, 뛰어난 국내 작가들이 전면에 등장한 것은 여간 반가운 일이 아니다.

1980년에 나온 『제3의 물결』이라는 저서로 유명한 미래학자 앨빈 토플러가 주장한 내용 가운데 잘 알려지지 않은 것이 하나 있다. 앨빈 토플러는 자신의 또 다른 저서 『미래 쇼크』에서 학생들에게 SF에 대해 가르쳐야 한다고 주장했다. 저명한 학자인 그가 이런 주장을 한 이유는 무엇일까?

우리나라는 물론이고 대부분의 국가에서는 학교에서 역사를 기본적으로 가르친다. 역사는 인류의 과거를 다루는 학문이다. 우리가 이룩한 문명과 사회의 과거를 살펴보면서 얻을 수 있는 것이 많다고 생각하기 때문이다. 하지만 과거만큼, 어쩌면 과거보다 더 중요한 것이 미래다. 학교에서는 학생들에게 미래를 준비하라고 강조하지만, 안타깝게도 미래에 대해 가르치지는 않는다. 앨빈 토플러가 학교에서 SF에 대해 가르쳐야 한다고 주장한 이유는 바로 이것이다. 외국의 경우에는 읽기 교과서에 SF가 많이 실려 있다. SF 섹션이 따로 있는 나라도 있다. 하지만 우리나라의 읽기 교과서에서 SF 작품을 찾아보기는 힘들다.

SF가 그리는 미래의 사회와 모습이 반드시 우리의 미래가 된다는 말은 아니다. 하지만 '우리 미래가 이럴 수도 있겠구나'라는 통찰력을 주기에 충분하다. SF가 바로 과학기술에 기반을 둔 이야기이기 때문이다. 과학은 현실이자 미래로 가는 통로다. 그렇기에 우리 사회가 나아갈 수 있는 다양한 미래의 가능성을 미리 보여주는 것이 바로 SF다. SF는 미래의 모습을 미리 살펴볼 수 있는 기회를 준다. 미래를 예견해 볼 수 있다는데 읽지 않을 이유가 없지 않은가?

SF는 과학기술이 어떻게 발전할지 예견하기도 한다. 최근 '서기 2000년대 생활의 이모저모'라는 한 컷짜리 만화가 사람들 사이에서 화제가 된 적이 있다. 이 만화에는 태양광 발전, 전기자동차, 움직이는 도로, 화상통화, 원격의료, 원격학습 같은 것들이 흥미롭게 그려져 있다. 이 만화는 이정문 화백이 1965년에 그린 것이다. 이 그림에서 로켓을 타고 달로 수학여행을 가는 것만 빼면 모두 현실이 되었다. 이정문 화백의 통찰이 놀랍기만 하다. 유명한 SF 시리즈인 〈스타트렉〉에는 1966년에 이미 폴더폰 모양의 전화기가 등장했고, 1960년대에 만들어진 영화 〈2001 스페이스 오디세이〉에는 오늘날 우리가 쓰는 태블릿 PC가 등장한다. SF가 미래를 비추는 거울이라는 것은 괜한 말이 아니다.

더 나아가 SF의 영향을 받아 연구를 시작한 과학자도 있다. 지금 활동하는 과학자들 중에는 어린 시절 〈스타트렉〉이나 〈스타워즈〉 같은 SF 시리즈를 보고 자란 사람들이 많다. 이들 중 SF의 영향을 받은 사람들이 있는 것은 당연하다. 실제로 〈스타트렉〉의 순간이동Beam me up, 초광속 비행 장면 등을 본 과학자들이 이를 실현하는 것을 목표로 연구를 하는 경우도 있다.

SF에는 당연히 과학이 중요한 역할을 한다. 이야기가 왜 그렇게 전개되는지 이해하기 위해서는 과학기술을 알아야 할 때도 있다. 예를 들어 우주선의 구조물이 회전을 멈추면 인공중력이 사라진다거나 광속에 가까운 속도로 우주를 여행하고 돌아온 사람과 지구에 남아 있던 사람의 시간 개념이 다르다는 사실을 이해해야 스토리가 자연스럽게 느껴지는 경우가 있다. 하지만 SF 작가 중에는 친절하게 작품에 설명을 넣는 경우도 있으며, 그렇지 않더라도 별로 걱정할 필요는 없다.

우리나라 사람들은 과학을 어려워하는 경향이 있다. 그래서인지 여전히 SF가 어렵다고 생각하는 사람들이 많다. 책을 좋아하는 사람이라도 SF라는 타이틀이 붙은 책을 굳이 찾아 읽지는 않는다. 하지만 SF는 과학 논문이 아니다. 소설이고 이야기다. 과학 지식은 중학교, 아니 초등학교 수준이면 이해하기 어렵지 않다. 우리나라 사람들이 대체로 과학을 어려워한다지만 평균적인 과학 지식 수준은 높은 편이다. 두려워할 이유는 없다.

영화라는 장르로 넘어가 생각해보자. 우리나라에서 관객 1,000만 명을 돌파한 영화는 현재까지 30편 가까이 된다.

영화 〈인터스텔라〉의 블랙홀 가르강튀아. 2014년에 개봉한 〈인터스텔라〉는 다소 어려운 과학에 기초한 영화임에도 우리나라에서만 1,000만 명이 넘는 관객이 관람했다(출처: 워너브러더스 코리아 유튜브 채널).

이 중에는 〈어벤저스〉 시리즈, 〈아바타〉 시리즈, 〈인터스텔라〉 같은 SF 영화가 여러 편 포함되어 있다. 지금 이 책을 읽고 있는 독자들도 이 영화 중 적어도 한두 편은 봤을 것이다. 〈어벤저스〉 시리즈 세 편(에이지 오브 울트론, 인피니티 워, 엔드 게임)의 국내 관객 수를 합치면 3,500만 명이 넘는다. 이런 영화를 재미있게 본 관객이라면 SF 소설도 충분히 재미있게 읽을 수 있다.

바이러스와 함께하는 삶

"올 여름엔 어디 가지?"

"휴가는 가야지. 해외는 아직 찜찜한데, 국내 여행이나 알아 볼까?"

아내와 결혼한 이후로 매년 한 번은 해외여행을 다녀왔다. 몇 차례 여행은 둘뿐이었고, 그 이후는 딸아이까지 세 식구가 함께였다. 1년에 한 번뿐인 소중한 기회였기에 즐거운 추억을 만들어왔다. 하지만 최근 몇 년은 그러지 못했다. 코로나19 때문에 세계의 여러 나라가 한동안 입국을 통제하던 시기였다. 그런 여건을 고려하지 않더라도 코로나19가 여전히 문제가 되는 상황에서 겁 많은 우리 부부가 어딘가로 여행을 갈 마음을 먹기는 어려운 일이었다. 국내 여행도 조심스럽기는 마찬가지다. 그렇게 파고들다 보면 매일 회사에 출근하는 것도 꺼려지고 대중교통을 타고 이동하는 것조차 부담스럽다. 상황이 조금 나아졌다고는 하지만 이제 그런 세상에 살게 된 것이다.

코로나19로 바뀐 삶의 방식은 금방 예전으로 돌아갈 것 같지 않다. 사실 인류가 지구에 처음으로 모습을 드러낸 이후로 지금까지 우리는 늘 바이러스와 함께 살아왔다. 과거에 인류를 괴롭혔던 천연두나 홍역 같은 병의 원인이 바로 바이러스였다. 독감도 인플루엔자 바이러스 때문에 발병한다. 노로바이러스 같은 녀석들은 식중독을 일으킨다. 원래 코로나바이러스는 가벼운 감기를 일으키는 바이러스로 우리가 익히 알고 있던 바이러스다. 문제는 코로나19가 지금까지의 코로나바이러스와는 조금 다르게 생긴 녀석이라는 것이다.

인류는 의학이 발달하면서 바이러스가 일으키는 여러 질병을 극복해왔다. 세계보건기구WHO는 1980년에 천연두가 박멸되었다고 선언했다. 인간 면역결핍 바이러스HIV가 일으키는 에이즈AIDS도 한때는 불치병으로 알려졌지만, 지금은 고혈압이나 당뇨병처럼 관리만 잘하면 일상생활에 크게 지장이 없는 만성질환으로 여겨지고 있다. 코로나19는 지금까지 존재하지 않았기에 우리 몸의 면역체계가 대응하기 어려웠다. 또 당장 백신이나 치료제가 없었다는 것도 문제였다. 그 때문에 우리에게 공포를 가져다준 것이다. 하지만 이미 여러 제약회사에서 백신을 개발했다. 국민 대다수가 몇 차례의 백신 접종도 마쳤다. 코로나19는 결국 극복될 것이고, 얼마 지나지 않아 우리가 충분히 대응할 수 있는 질병이 될 것이다.

코로나19가 가져온 긍정적인 효과도 있다. 바이러스가 어떻게 우리 몸에 들어오는지, 또 어떻게 자신의 유전물질을 퍼뜨리는지와 같은 바이러스의 특징을 많은 사람이 알게 되

2019년 말부터 2023년 현재까지 여전히 우리는 마스크와 함께하는 삶을 살아가고 있다 (출처: 위키미디어).

었다는 점이다. 그리고 코로나19를 비롯한 호흡기 감염병의 확산을 막기 위해서 어떻게 행동해야 하는지도 잘 알게 되었다. 코로나19가 아직도 전 세계에서 많은 사람의 목숨을 앗아가고 있지만, 이 점은 분명히 고무적이다.

앞으로 이런 바이러스의 습격은 계속될 것이다. 코로나19로 얻은 경험은 중요한 역할을 할 것이고 조만간 인류는 이를 극복하겠지만, 다른 바이러스가 우리를 괴롭힐 것이다. 인간들의 삶의 영역이 지속적으로 넓어지고, 사람과 야생동물의 영역이 계속 겹치는 한 또 다른 바이러스가 우리를 위협하게 될 것이다. 지구온난화로 영구 동토층이 녹으면서 '얼어 있던 바이러스'가 다시 등장하는 것도 걱정이다. 우리, 그러니까 사람은 바이러스 입장에서는 훌륭한 숙주가 될 수 있는 옵션이라는 점을 잊으면 안 된다.

"아빠, 마스크 챙겨야지!"

초등학생인 딸아이가 외출을 준비하고 빈손으로 문을 나서는 나를 부른다. 중요한 게 뭔지 알고 있다. 얼마나 다행스러운 일인가? 이제 우리가 살아갈 미래는 코로나19 이전과는 다를 것이다. 지금까지 그래 왔듯, 앞으로도 바이러스와 함께 살아가야 한다. 아는 대로 행하면 된다. 우리는 답을 알고 있다.

내 머리 위에 누군가 있다는 것

2014년 용인으로 이사를 했다. 이사를 오자마자 무언가 크게 잘못되었다는 사실을 깨달았다. 집 안에서 아무것도 할 수 없게 만드는 바로 그것, 층간소음이 문제였다. 윗집과 몇 차례 실랑이를 벌였다. 이대로는 안 되겠다는 싶은 생각이 머릿속에 꽉 찼다. 괜히 사람이 미워졌고 계속 이렇게 살다가는 내가 이상해질 것 같았다. 좀 더 세심히 집을 알아보지 않은 것이 실수라면 실수였다. 이사 온 지 두 달도 되지 않아 다시 이사 계획을 세우기 시작했다.

우리 가족은 이사를 계획하기 시작하면서부터 거처를 아예 옮겨버렸다. 근처에 처형 가족이 살고 있었고, 흔쾌히 우

윗집에서 누군가가 뛰거나 다른 이유로 소음을 만들기 시작하면 아래층에 사는 사람은 상당한 수준의 고통을 느낄 수 있다.

리를 받아주셨다. 다행히도 처형의 집은 층간소음이 없었기에 겨우 발 뻗고 편히 잠을 청할 수 있게 되었다. 내 집이 있지만 내 집에 들어가지 못하는 상황은 너무나 기가 막혔다. 다음에 이사 갈 곳으로 층간소음이 없는 단독주택을 선택하게 된 것은 어쩌면 당연했다. 다시 그런 상황이 된다면 도저히 제대로 살 수 없을 것 같았기 때문이다.

층간소음의 원인은 여러 가지다. 아이들이 뛰는 소리, 청소기와 세탁기 소리, 반려동물이 만드는 소리까지 다양하다. 그런데 견딜 수 없을 만큼 힘든 것은 따로 있다. 아이들이 뛰는 소리는 어느 정도 이해가 되기도 한다. 아이들이니까. 하

서울은 한강을 가운데 두고 양쪽에 아파트가 늘어서 있다. 사진 속 아파트 어딘가에서는 층간소음으로 고통받는 누군가가 있을 것이다.

지만 어른들이 생각 없이 쿵쾅거리며 걷는 소리는 이해하기 힘들다. 마치 망치로 바닥을 찍는 듯한데, 그 소리는 정말 너무나 괴롭다. 그럴 때는 괜히 위층에 사는 사람에게 화가 나고 그들의 부지런함이 원망스러워진다.

소리는 진동이기 때문에 층간소음도 진동으로 퍼진다. 벽이나 기둥을 통해 전달된다. 우리나라 아파트는 기둥 없이 바닥과 벽만으로 만들어진 구조가 일반적이다. 이런 구조는 층간소음에 취약하다. 바닥이 울리면 아래층 벽으로 바로 진동이 전달되기 때문이다. 대형 상업 건물을 지을 때 쓰이는 기둥식이나 무량판식의 경우에는 층간소음이 줄어든다고 하는데, 벽으로는 진동이 전달되지 않고 기둥으로만 전달되기 때문이다. 하지만 윗집 바닥이 내 집 천장이니 층간 소음이 없을 수 없다.

층간소음을 줄일 방법은 있다. 아파트를 지을 때 바닥에 진동을 흡수하는 장치를 하는 것이다. 또 바닥의 두께를 두껍게 하는 것 자체도 효과가 있으며 천장에 소리 차단 장치를 하는 방법도 가능하다. 새롭게 등장하는 층간소음 저감 기술들이 있지만 이미 지어진 아파트에 적용하기는 힘들다. 새로 짓는 아파트에는 적용할 수 있지만 비용이 문제다. 최근에는 건설회사들이 아파트를 지을 때 층간소음 저감 공법을 적용했다고 홍보하기도 하는데, 실제 효과가 어느 정도인지는 미지수다.

어쩌면 문제는 아파트라는 주거 방식 자체에 있는지도 모른다. 지금처럼 많은 사람이 도시에 모여 살면 아파트 말고는 뾰족한 답이 없다. 하지만 생각해보자. 통상 아파트의 평면은 층별로 거의 똑같다. 옆방에서 자는 내 가족과 나 사이의 거리보다 얼굴도 모르는 윗집 아저씨와 나 사이의 거리가 더 가깝다. 천장만 뚫으면 된다. 거기도 방이고 내가 침대를 놓은 자리에 그들의 침대도 있을 테니까.

과학이 앞으로 많은 것을 해결해줄 테지만, 지금 당장은 어찌하지 못하는 것도 있다. 경제성과 효율성은 정말 많은 것을 결정하는 요소임이 분명하다. 어쨌든 난 앞으로 절대 아파트에서는 살지 않을 것이다.

물을 다스리기 위한 노력

인류의 생존에 가장 중요한 요소 중 하나는 바로 물이다. 사람은 물을 마셔야만 살 수 있고 식량을 생산하는 농업에도 물이 가장 중요한 요소이기 때문이다. 그래서 물을 다스리는 치수는 과거에도 중요한 문제였다. 세계 4대 문명의 발상지가 모두 큰 강 유역에 분포하고 있는 것은 우연이 아니다.

우리나라도 오래전부터 농사를 짓기 위해 물을 저장하는 저수지를 축조해 활용해왔다. 우리나라에서 가장 오래된 저수지 중 하나인 제천 의림지는 삼한시대에 만들어진 인공 저수지로 알려져 있다. 의림지는 지금도 농업용수를 공급하고 있다. 또 시골에 가면 웬만한 마을에는 저수지가 하나씩 있는데, 이런 저수지들은 모두 농업용수를 확보하기 위해 만들어진 수리시설이다.

치수는 한마디로 자연과 싸우는 일이다. 인류가 아무리 위대하다고 하지만 자연을 완벽하게 통제하는 것은 불가능하다. 거대한 댐을 건설해서 모든 홍수 피해를 막을 수 있다거나 온 국민이 물 걱정 없이 살 수 있다는 말은 명백한 거짓이다. 어느 정도의 물난리를 통제하고 사람들이 걱정을 조금 덜 수 있도록 도와주는 것뿐이다. 물론 아무것도 안 하는 것보다야 확실히 도움은 된다.

충주댐은 우리나라의 댐 중에서 소양강댐에 이어 두 번째로 많은 양의 물을 담고 있다.

사람들이 물을 다스리기 위해 만든 가장 대표적인 건축물은 댐이다. 댐은 몇 가지 목적으로 건설되는데 가장 대표적인 목적은 홍수 조절, 수자원 확보, 전력생산이다. 여러 가지 목적으로 건설된 댐을 다목적댐이라고 하는데 우리나라의 댐은 대부분 다목적댐이다.

댐은 강줄기를 막아 만들어지기 때문에 강의 상류 쪽으로 거대한 인공호수가 생겨난다. 이 인공호수는 비가 쏟아질 때 상류의 물을 가두어 홍수 피해를 예방하고 반대로 가뭄이 들면 저장해놓은 물을 공급하는 역할을 한다. 저장한 물을 이용해서 전기를 생산하는 것도 댐의 주요한 역할 중 하나다.

저수량을 기준으로 우리나라에서 가장 큰 댐은 춘천에 있는 소양강댐이다. 소양강댐의 저수량은 29억 톤에 이른다. 건설 당시에는 동양 최대의 사력댐이었다. 사력댐은 흙·모래·자갈·돌·암석 등을 재료로 해서 건설한 댐을 말한다. 소양강댐 외에도 저수량 27.5억 톤의 충주댐, 14.9억 톤의 대청댐도 우리나라를 대표하는 댐이다.

하지만 댐은 심각한 문제를 야기하기도 한다. 수몰 문제가 대표적이다. 댐을 건설하면 광범위한 지역이 물에 잠기게 된다. 특히 충주댐은 3만 명이 넘는 사람들이 살아가던 삶의 터전을 물속에 잠기게 하고 만들어진 댐이다. 비단 사람만이 문제가 아니다. 특정 생물의 서식지가 통째로 수몰되기도 했다. 이와 같은 자연환경의 인공적인 변화는 생태계에도 영향을 미친다. 흐르는 물줄기를 막기 때문에 녹조가 발생하는 등 수질오염을 일으키기도 한다.

댐은 국가 간의 위기를 조장하기도 한다. 여러 나라를 관통하는 강에 댐을 건설하면 문제가 된다. 상류에 댐이 건설되면 하류 지역의 수자원 활용이 제한되기 때문이다. 라오스는 메콩강에 댐을 건설하려다 주변국과 마찰을 빚었고, 이집트와 에티오피아는 나일강에 건설된 댐 문제로 외교 갈등을 겪은 바 있다. 우리나라도 비슷하다. 북한에서 우리나라로 흐르는 강이 문제다. 북한에서 발원해 우리나라로 흐르는 임진강이 있다. 북한에서 이 강 상류에 댐을 건설했는데, 북한이 댐의 수문을 열어 방류할 때 우리나라에 미리 알

장강 중류에 건설된 싼샤댐은 저수용량이 390억 톤에 이른다(출처: 위키미디어).

리지 않아 사람들이 목숨을 잃는 일이 있었다. 댐이 안보 문제를 일으키는 대표적인 사례다. 이런 점을 정치적으로 이용한 경우도 있었다. 관심이 있는 분들은 강원도 화천에 있는 '평화의 댐'의 건설과정을 살펴보시기를 바란다.

2020년 중국 남부 지역의 계속되는 폭우로 세계 최대 댐 중 하나인 싼샤댐에 대한 관심이 높아진 적이 있다. 싼샤댐은 최대 저수량이 390억 톤(소양강 댐의 13.5배)에 이르는 데다 장강 하류 지역은 세계에서 가장 많은 사람이 살고 있는 지역이기 때문에 언론의 걱정이 더 컸다. 당시 싼샤댐이 정말 위험했는지 아니면 언론의 기우였는지는 확인할 수 없지만, 댐의 안전성은 그 무엇과도 비교할 수 없을 만큼 중요한 전제조건이다. 사람의 목숨이 달린 일이고, 자연을 거스르는 일이기 때문이다.

전파가 공공재인 이유

"칙칙~, 본부 나와라, 오버~"

워키토키라는 장난감이 있다. 워키토키는 쉽게 말하면 간단한 무전기다. 어린 시절 친구들과 뒷산에 올라 이곳저곳을 돌아다니며 놀곤 했다. 그때 워키토키를 가진 친구가 있으면 놀이가 훨씬 재미있어지고는 했다. 고가의 장난감이라 조심조심 다뤄야 했지만. 지금은 워키토키라는 이름이 '걸으면서 이야기한다walkie-talkie'는 뜻에서 왔다는 것도 알고 있지만, 그때는 이름이 왜 워키토키인지도 몰랐다. 당연하게도 어떤 원리로 멀리서 서로 대화를 나눌 수 있는지도 전혀 몰랐다.

시간이 한참 흘러 대학에 진학할 나이가 되었을 때 PCS(personal communication services, 개인용 휴대통신기기)라는 것이 나왔다. 그 당시에는 고가의 장비였다. 나는 운이 좋게도 타지로 떠나는 아들을 위해 크게 마음을 쓰신 아버지 덕분에 PCS를 주머니에 넣고 다닐 수 있었다. PCS는 신세계였

각종 무전기. 지금은 스마트폰으로 효용성이 많이 떨어졌지만 여전히 산업 현장에서는 많이 쓰이고 있다.

다. 나는 언제 어디서나 누구와도 연락을 할 수 있는 사람이 되었다. 물론 그때는 그게 하나의 족쇄가 될 거라고는 전혀 상상하지 못했다.

대학에서 2년을 보내고 군에 입대했다. 얼떨결에 강원도 전방의 군부대로 배치되었다. 그때는 바보같이 군복에 붙인 휘장과 전투모에 달린 장식이 멋있어 보여서 힘든 부대에 자진해서 가겠다고 했다. 엄청난 판단 착오였다. 어찌 되었거나 GP에서 근무를 서고, 비무장지대에서 작전을 뛰는 동안 대부분의 시간을 무전병으로 보냈다. 망할 무전기! 간편한 차림의 다른 분대원과 달리 내 등에는 무려 15킬로그램이 넘게 나가는 무전기가 있었다. 날다람쥐처럼 날아다니는 분대원들을 따라가야 하는데 여간 힘든 일이 아니었다. 그래도 그 덕분에 군 생활을 하는 동안 체력 하나는 정말 좋아졌다.

이 밖에도 전파와 관련된 경험은 수없이 찾을 수 있다. 전파라는 녀석은 1895년 인류가 최초로 무선 신호 전달에 성공한 이래로 항상 우리 주변에 존재해왔다. 그러니 이 시대를 살아가는 사람이라면 누구나 전파와 관련된 에피소드 한두 개는 가지고 있을 것이다. 내가 이 글을 쓰고 있는 지금, 그리고 독자들이 이 책을 읽고 있는 이 순간에도 우리 주변의 공간은 엄청나게 많은 전파로 가득 차 있다. 손에 들고 있는 스마트폰, 블루투스 이어폰, 태블릿과 노트북 모두 전파를 이용한 통신장비다. 그뿐만이 아니다. 흔히 우리가 공중파라고 부르는 텔레비전 방송이나 FM, AM 라디오 전파도 항상 우리 주변에 있다. 만약 전파를 눈으로 볼 수 있다면, 우리 주변은 주파수에 따라 다양한 색을 가진 전파로 알록달록하게 물들어 있을 것이다. 한데 이 전파는 누구나 마음대로 쓸 수는 없다.

전파를 활용하는 분야는 생각보다 많다. 전파는 주파수 대역별로 용도가 정해져 있는데, 전파의 용도는 선박·항공기 통신, 방송, 이동전화, 수색 구조용, 조난 신호용, 도로 관리용, 위성 서비스용 등 다양하다. 주파수 종합정보 시스템인 전파누리(spectrummap.kr)에 접속해보면 우리나라의 주파수 이용현황 도표를 찾아볼 수 있다. 3킬로헤르츠부터 3,000기가헤르츠까지 주파수 대역별로 이용현황을 확인할 수 있는데, 그 용도가 매우 촘촘히 구분되어 있다. 우리나라뿐만 아니라 세계 대부분의 나라가 이렇게 용도를 구분하는 이유는 혼선을 방지하기 위해서다. 가끔 블루투스 이어폰을 끼고 사람들이 많은 지역에 있거나 지하철에 타면 접속이 불안정해지는 경우가 있다. 이는 좁고 혼잡한 공간에서 생기는 잡음과 혼선 때문이다. 이 때문에 정부에서 미리 주파수를 정해두는 것이다. 그리고 정부에서 주파수를 할당하고 통제하는 데는 한 가지 이유가 더 있다.

우리가 활용할 수 있는 전파는 앞서 말했듯 주파수가 3킬로헤르츠부터 3,000기가헤르츠까지로 한정되어 있다. 활용할 산업이나 범위는 무한한데, 쓸 수 있는 주파수 대역은 한정되어 있다. 이 때문에 이동통신 분야에서 주파수 할당은 중요한 문제다. 2G, 3G, 4G(LTE), 5G라는 말을 많이 들어보았을 것이다. 이것은 세대별 통신 서비스를 의미한다. 같은 주파수 대역의 전파를 이용하더라도 더 많은 정보를 빠르게 주고받을 수 있도록 기술은 점점 발전하고 있다. 그런데 새로운 통신기술이 개발되어도 서비스를 선보이려면 특정 주파수 대역을 할당받아야 한다. 그런데 이미 대부분의 주파수 대역이 용도가 정해져 있어서 더 끼어들 틈이 없다면 기

서울 남산의 송신 안테나. 남산타워 옆에 있는 커다란 철탑으로 텔레비전과 라디오 전파를 내보내는 역할을 한다.

술을 개발한 의미가 없어진다.

2021년 우리나라의 모든 통신사가 2G 서비스를 종료했다. 2G 서비스가 종료된 데는 이유가 있다. 우선 통신사로서는 서비스를 유지하는 것보다 종료하는 것이 유리하다고 판단했을 것이다. 또 공공재인 전파의 측면에서 본다면 해당 주파수 대역을 회수해서 다른 서비스를 제공하는 데 활용할 수 있다는 장점이 있다.

앞으로 시간이 지나면 지금 우리가 쓰고 있는 4G, 5G 이동통신 서비스도 종료될 수 있다. 더 나은 새로운 기술의 이동통신 서비스를 제공하기 위한 과정일 테니까. 한정된 주파수를 더욱 많은 사람에게 도움이 되는 쪽으로 활용할 수 있다면 감수해야 할 일이 아닐까? 물론 특정한 회사나 집단만 이익을 보는 구조가 아니라면 말이다.

우주에 살고 있는 생명체는 우리뿐일까?

"아빠! 영화 〈E.T.〉 알아?"

3년 전이었다. 초등학교 1학년이던 딸아이가 뜬금없이 나에게 질문을 던졌다. 그 영화가 만들어진 게 1982년이었으니까, 그 당시에는 나도 세상 물정을 모를 때였다. 그런데 이 녀석이 그걸 어떻게 알지?

"그 영화에 유명한 장면 있잖아. 자전거 타고 날아가는 거!"

별걸 다 안다. 딸아이의 호기심이 사그라들기 전에 IPTV에서 영화 〈E.T.〉를 구매했다. 우주나 외계인에 관심이 생긴 건가 하는 기대를 안고 딸아이와 함께 영화를 보기 시작했다. 특수효과 같은 것은 요즘 영화에 비할 바 아니지만, 특유의 스토리와 연출이 돋보였다. 역시 명작은 명작이었다.

우주는 상상할 수조차 없을 정도로 넓다. 우주 전체의 크기를 상상하는 게 너무 힘들다면, 우리 태양계의 크기를 생각해보자. 태양계조차도 우리가 상상할 수 없을 정도로 크고 넓다. 앞서 한 번 언급한 적 있는 미국의 천문학자 칼 세이건(우리에게는 『코스모스』라는 책과 조디 포스터 주연의 영화 〈콘택트〉의 원작소설 작가로도 잘 알려져 있다)은 인문학적 감성도 매우 뛰어난 사람이었다. 그는 이 우주에 살고 있는 생명체가 우리뿐이라면, 그것은 엄청난 공간 낭비라고 했다.

각설하고 나는 이티와 똑같이 생긴 외계 생명체가 존재하는지는 모르겠지만 우주 어딘가에 생명체는 반드시 있다고 생각한다. 물론 우리는 아직 외계 생명체가 존재한다는 증거는 찾지 못했다. 다만 우주에는 1,000억 개 이상의 은하가 있으며, 그 은하마다 또 1,000억 개 이상의 항성이 있고 그것

영화 〈E.T.〉에 등장하는 외계인. 지구의 많은 사람들에게 '외계인은 이렇게 생겼을 것'이라는 선입견을 심어준 영화다. 개봉한 지 벌써 40년이 지났다(출처: 위키미디어).

제임스웹 우주망원경이 찍은 첫 번째 심우주 사진. 저 사진 안에 수천 개 이상의 은하가 들어 있다. 심지어 이 사진은 우리가 올려다볼 수 있는 밤하늘 중 아주 작은 극히 일부분을 확대해서 촬영한 것이다. 이 정도로 많은 은하와 별이 있다면, 이 넓디넓은 우주에 우리 말고 누군가가 더 있지 않을까?

보다 더 많은 행성이 있다. 그렇다면 그 많은 행성 중 어디에도 우리 정도의 지적 능력을 가진 생명체가 없다고 생각하는 게 오히려 이상하지 않은가?

영화를 보던 딸아이는 이티의 모습이 처음으로 드러나는 장면에서 무섭다고 고개를 돌렸다. 하지만 영화가 진행될수록 호기심 어린 눈으로 영화를 봤다. 아이답게 중간중간 장난을 치고 돌아다니기도 했지만 관심을 가지고 있다는 사실만으로도 기특했다. 그리고 한 장면에서 아이의 집중도가 최고조를 향했다.

"아빠! 저게 그 유명한 장면이잖아! 빨간색 옷 입어야 돼. 빨간색!"

자전거가 하늘을 나는 명장면을 기다렸던 것 같다. 그러고 나서 이제 더는 영화를 볼 필요가 없다는 듯, 텔레비전에서 관심을 끄고 다른 놀이를 하기 시작했다. 우주가, 외계인이 궁금했던 게 아니었던가?

뭐 상관없다. 내 세대에서는 힘들지 모르지만, 딸아이는 아마 외계의 지적 존재와 지구 문명이 처음으로 접촉하는 장면을 목격할 수 있을 것이다. 외계 지적 생명체가 보낸 단 하나의 전파라도 받게 된다면 인류는 새로운 전환점을 맞게 될 것이다. 다만 그들이 호의적인 존재이기를 바랄 뿐이다.

그들의 죽음으로 만든 인류의 번영

내 머릿속에는 '쥐'를 생각하면 떠오르는 두 가지 이미지가 있다. 하나는 디즈니 캐릭터 '미키마우스'이고, 다른 하나는 실험실에서 볼 수 있는 '실험용 쥐'다.

곰곰이 생각하면 알베르 카뮈의 소설 『페스트』의 쥐들도 떠오르고, 어렸을 때 봤던 동화 『피리 부는 사나이』나 『시골 쥐와 서울 쥐』의 이야기 속에 등장하는 쥐가 떠오르기도 한다. 하지만 역시 가장 강렬한 것은 '미키마우스'와 '실험용 쥐'다. 이 두 이미지는 지금의 내 현실이 가장 잘 반영된 것이다. 나는 어린아이를 키우고 있는 아빠인 동시에 과학과 관련된 일을 하는 사람이기도 하므로.

쥐의 기본적인 이미지는 부정적이다. 쥐는 인간이 어렵게 거둔 곡식을 축내기도 하고, 여러 가지 질병을 일으키며 인류에게 끊임없이 피해를 준 동물이기 때문이다. 고양이도 쥐를 잡기 위해 키우기 시작했다는 시각이 우세하다. 연배가 좀 높은 독자라면 1970년대 정부 차원에서 쥐잡기 운동을 벌인 일도 기억할 것이다.

쥐들이 지금까지 인류에게 준 피해는 일일이 나열할 수 없을 정도로 지대하다. 쥐들은 인간의 식량을 축내 기근을 몰고 오기도 했고, 쥐가 일으키는 페스트라는 질병은 14세기 중세 유럽에서만 약 1억 명의 목숨을 앗아갔다. 그냥 쥐

실험용 쥐를 포함해 전 세계에서는 매년 6억 마리의 동물들이 실험용으로 쓰이고 있다고 추정된다. 2021년 한 해, 우리나라에서도 약 488만 마리의 실험용 동물이 희생되었다(출처: 위키미디어).

를 보는 것만으로도 소스라치게 놀라는 사람들도 많다. 하지만 21세기를 살아가는 지금의 우리는 쥐에게 많은 빚을 지고 있다.

생명과학·생리학·뇌과학·의학·약학 같은 과학 분야에는 동물들이 꼭 필요하다. 새로 개발한 약물이나 백신을 사람들에게 적용하기 전에 어느 정도 안전한지 확인하기 위해 동물실험을 먼저 거쳐야 하기 때문이다. 또 유전학이나 신경학 등을 연구하는 과학자들이 실험에 쥐를 활용하기도 한다. 동물실험에 활용되는 생명체는 쥐만이 아니다. 초파리부터 토끼·개·고양이·돼지 그리고 사람과 가장 비슷한 동물인 영장류까지 실험에 활용된다.

충북 오송 식품의약품안전평가원에 설치된 동물사랑비. 이곳에서는 실험용 동물들의 희생을 기리는 행사가 매년 개최된다(출처: 식품의약품안전처 유튜브 채널).

전 세계적으로 실험에 쓰이는 동물은 연간 5억~6억 마리 정도라고 추산된다. 우리나라에서도 한 해에 400만 마리 이상이 활용된다니 얼마나 많은 동물이 인류를 위한다는 명목으로 희생되고 있는지 알 수 있다. 여기에는 분명히 심각한 문제가 있다.

동물도 당연히 고통을 느낀다. 한때 어류가 고통을 느낄 수 있는지에 대한 논쟁이 있었지만, 최근에는 어류도 고통을 느낀다는 것이 정설이 되어가고 있다. 만약 동물들이 고통을 느낄 수 없다고 해도 동물실험이 정당화되는 것은 아니다. 더욱이 우리를 포함한 지구상의 모든 생명체는 DNA를 근본으로 하고 있다. 우리 인간이 다른 생물들과 근본적으로 다르지 않다는 것이다. 우리가 과연 동물의 생명을 마음대로 해도 되는 것일까?

동물실험은 오래전부터 윤리적 논란의 대상이었다. 동물학대의 관점에서 보면 동물실험을 마냥 옹호할 수만은 없다. 최근에는 동물실험을 대체할 수 있는 몇 가지 방법이 개발되었지만, 아직 동물실험의 필요성은 남아 있다. 여러 가지 변인을 통제하며 실험을 진행할 수 있고 세대 변화를 빨리 볼 수 있어서 몇 세대에 걸쳐 추적관찰이 필요한 실험을 할 수 있기 때문이다.

무엇보다 동물실험이 아니라면 새롭게 개발한 물질의 안정성을 확인할 방법이 많지 않고, 그렇다고 사람에게 바로 적용하는 것은 또 다른 윤리적 문제를 낳을 수밖에 없다. 특히 인류 역사에는 사람을 대상으로 한 끔찍한 생체실험 사례가 있다. 독일의 나치나 일본의 731부대까지 언급하지 않더라도 인종이나 저소득층을 대상으로 반인륜적인 실험을 자행한 사례도 어렵지 않게 찾을 수 있다.

다행히 동물실험에 대한 인식이 조금씩 개선되고 있다. 우리나라도 동물보호법에서 몇몇 사항을 규정하고 있고 동물실험 자체를 축소하려는 움직임도 시작되었다. 학교에서 하던 동물의 해부실험도 최근에는 다른 방법으로 대체되고 있다. 학생들에게 생물학 교육을 제대로 할 수 없는 점은 아쉽지만, 그만큼 생명의 소중함을 알리는 것도 필요하므로 어쩔 수 없는 선택이라 생각한다. 그리고 VR이나 AR 같은 첨단기술이 이런 교육활동을 성공적으로 대체할 것이라 믿는다.

사람들의 평균수명은 점점 길어지고 있다. 과거에 비해 균형 잡힌 식사를 할 수 있게 되었고 위생여건도 좋아졌기 때문이다. 그리고 항생제나 항암제 같은 새로운 약물과 치료제가 개발된 것도 중요한 이유다. 신약 개발에 동물들이 크게 이바지한 것은 분명한 사실이다. 나도 아마 특별한 사고가 없다면 앞으로 50~60년 정도는 더 살 수 있으리라. 그렇다면 그중 30년은 실험실의 쥐와 다른 동물들이 죽음으로 나에게, 아니 우리 인류에게 준 더없이 소중한 선물일지도 모른다.

기후변화? 기후위기? 기후비상!

'지구온난화', '기후변화', '기후위기' 같은 단어를 모르는 사람은 없다. 과거에는 전문가들만 입에 올리는 용어였을지 모르지만, 이제는 아니다. 환경·해양·기후를 연구하는 학자들은 물론이고 시민단체와 청소년단체들도 적극 나서서 기후위기에 대응할 것을 촉구하고 있다. 2019년 16세의 나이로 유엔본부에서 열린 기후행동 정상회의에서 연설한 '그레타 툰베리'는 세계에서 가장 영향력 있는 사람 중 하나가 되었다. 최근에는 기업들도 ESG(Environment, Social, Governance) 경영의 중요성이 대두되면서 기후변화에 관심을 기울이고 있다.

우리나라 사람들은 자신도 모르는 사이에 기후위기 대응을 위한 행동을 적극적으로 실천하고 있다. 매주 아파트에서는 특정한 요일이 되면 사람들이 분리수거를 위해 삼삼오오 재활용 쓰레기를 잔뜩 들고 나타난다. 우리나라의 분리수거 비율은 상당히 높다. 2017년 환경부 자료에 따르면 재활용이 가능한 자원 중 약 70퍼센트가 분리배출이 된다고 한다. 2013년 OECD가 발표한 자료에 따르면 우리나라는 독일에 이어 세계에서 두 번째로 재활용을 잘하는 나라다.

그런데 우리나라 사람들은 분리수거에 적극 동참하는 것에 비해 기후위기에 대해서는 그다지 심각하게 생각하지 않는 듯하다. 기후위기에 대한 과학적 사실을 정확히 아는 사람을 만나기란 쉽지 않다. 기후위기가 심각하다는 것을 아는 사람들도 우리나라와는 별로 관련이 없는 이야기 정도로 치부한다. 그나마 다행인 것은 인간의 활동이 야기한 기후변화 자체가 거짓이라고 주장하는 '기후변화 부정론자'도 거의 없다는 사실 정도랄까.

몇 년 전 기상청에서 운영하는 기후변화 콘텐츠 국민디자인단에 참여한 적이 있다. 그때 우리나라에도 '기후변화체험교육센터' 같은 시설이 곳곳에 있다는 사실을 알게 되었고, 정부에서 기후위기를 홍보하는 사업을 추진하고 있다는 것도 알게 되었다. 기상청은 어떻게 하면 국민에게 기후위기에 대한 정보를 제대로 전달할 수 있을지, 어떤 콘텐츠를 어떤 방식으로 전달하는 것이 효과적일지에 대해 고민하고 있었다. 나도 어떻게 하면 우리나라 사람들이 기후위기를 제대로 알고, 이를 고려해서 삶의 방식을 바꾸게 할 수 있을지 아직 확실히 알지 못한다. 그래서 이 책에서는 기후위기와 관련한 확인된 사실 몇 가지를 먼저 소개한다.

우리가 쓰는 화석연료로 대기 중 이산화탄소 농도가 높아진 것은 사실이다. 이는 '킬링곡선Keeling Curve'에서 확인할 수 있다. 킬링곡선은 미국의 연구자 찰스 킬링의 이름을 따서 지은 명칭이다. 킬링은 1958년부터 남극과 하와이에서 대기 중 이산화탄소 농도를 매일 측정해 기록했다. 킬링곡

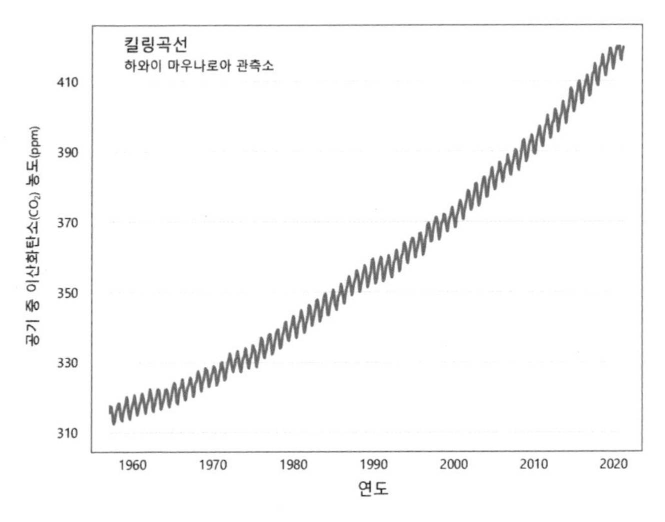

1958년부터 현재까지 대기 중 이산화탄소 농도가 지속적으로 상승하고 있음을 보여주는 킬링곡선.

선은 이것을 그래프로 그린 것이다. 킬링은 2005년 세상을 떠났지만 지금도 매일 이산화탄소 농도는 측정되고 있다. 이 그래프를 보면 1958년 대기 중 이산화탄소 농도는 313피피엠 정도였으나 2013년에는 400피피엠을 돌파했고 최근에는 420피피엠을 넘어섰다. 불과 60년 사이에 대기 중 이산화탄소 농도가 100피피엠 이상 증가한 것이다. 이산화탄소는 지구에서 방출되는 열을 흡수해 온실효과를 일으키는 대표적인 온실기체다. 지구온난화를 나타내는 지표는 수없이 많다. 빙하는 계속 녹고 있고, 눈은 점점 적게 내리고 있다. 지구의 평균기온은 지난 반세기 동안 약 섭씨 1도 상승했다. 자연을 터전으로 살아가는 생물들은 서식지를 옮기고 있고, 해수면도 상승하는 중이다.

지구온난화의 증거는 우리 주변에서도 쉽게 찾을 수 있다. 연배가 좀 높은 독자들은 기억하실지 모른다. 예전에는 겨울이면 강이나 하천을 막아 만든 실외 스케이트장이 많았다. 그 시절 겨울에는 강이 수십 센티미터 두께로 얼었다. 심지어 언 강에 길을 만들고 거기에 자동차나 경운기가 지나다니기도 했다. 하지만 요즘은 강이 어는 일이 많지 않다. 설사 강이 언다 해도 두께가 두껍지 않아 그 위를 걷는 것은 매우 위험하다.

또 우리나라 스키장의 시즌별 개장일은 점점 늦어지고 있다. 1990년대에는 10월에 개장하는 스키장도 있었다. 강원도의 용평리조트는 매년 조금씩 개장일이 늦어지더니 2022년에는 결국 12월 2일에 개장했다. 이는 50년 만에 맞이한 유례없는 일이라고 한다. 개장이 늦어지면 그만큼 영업일이 줄어든다. 스키를 즐기는 사람들도 줄어들고 있어 스키장 입장에서는 스키장을 계속 운영해야 할지 고민스러울 수밖에 없다. 스키장이 문을 닫는다면 스키장과 더불어 살아온 많은 사람이 다른 일을 찾아야 한다. 지구온난화에 따른 영향은 이미 우리의 삶을 조금씩 바꾸고 있다.

이 책의 여러 부분에서 이미 언급한 것과 같이 점점 강해지는 태풍, 갑자기 찾아오는 집중호우, 여름의 폭염, 과거와는 다른 장마 패턴은 모두 지구온난화에 따른 기후위기의 결과다. 우리나라뿐 아니라 세계의 많은 나라가 기후위기로 고통받고 있다. 인도양의 몰디브처럼 고도가 낮은 산호초 섬으로 이루어진 국가는 해수면 상승으로 사라질 위기에 처했고, 기후위기에 따른 식량 부족은 많은 나라에 내전을 몰고 왔다. 아프리카의 경우 기온이 1도 오르면 농작물 수확량이 10~30퍼센트 감소하고, 내전은 4.5퍼센트 증가한다는 연구 결과도 있다.

몇 년 전 호주는 대륙 전체를 태울 듯한 기세의 산불로 큰 피해를 입었다. 이 당시 산불로 소실된 숲의 크기는 한반도의 85퍼센트에 달했다. 코알라를 비롯한 야생동물의 피해도 엄청났다. 2019년 9월부터 이듬해 2월까지 계속된 산불로 약 6만 마리 이상의 코알라가 죽거나 다쳤다고 한다. 그런데 이 산불의 원인이 기후위기라는 것은 잘 알려지지 않았다. 지구온난화로 인도양 서쪽과 동쪽의 수온 차가 심해진 것이 원인이다. 인도양 서쪽은 수온이 높아지고, 동쪽은 수온이 낮아지는데, 이렇게 되면 기온이 낮은 인도양 동쪽, 즉 호주 대륙 인근에는 고기압이 발달하고 비구름이 잘 만들어지지 않게 된다. 원래 자연적으로 발생한 산불은 비가 내리면서 꺼져야 하는데, 지구온난화가 만들어낸 인도양의 수온 차이로 호주에 오랫동안 비가 내리지 않았기 때문에 산불이 긴 시간 꺼지지 않았다. 호주가 산불로 신음하는 동안 인도

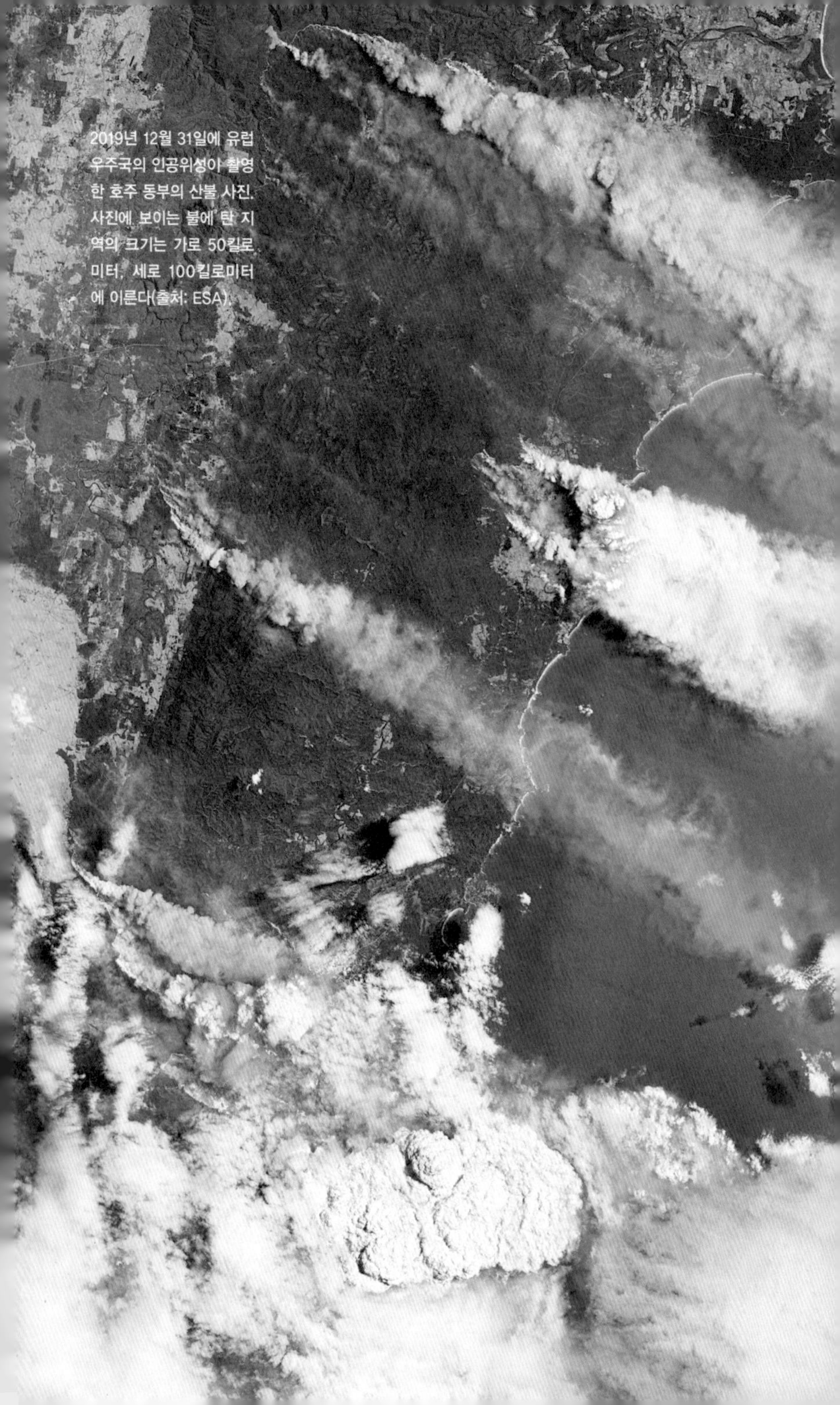

2019년 12월 31일에 유럽 우주국의 인공위성이 촬영한 호주 동부의 산불 사진. 사진에 보이는 불에 탄 지역의 크기는 가로 50킬로미터, 세로 100킬로미터에 이른다(출처: ESA).

양 반대편 동아프리카 지역의 나라들은 폭우와 메뚜기 떼로 신음했다.

지구온난화와 기후위기는 글로벌 이슈다. 한 국가가 해결할 수 있는 문제가 아니기 때문이다. 그래서 국제사회의 공조가 중요하다. 이 때문에 세계 여러 나라가 기후변화 해결을 위한 협력을 계속하고 있다. 나라마다 이해관계가 다른데도 인류의 생존을 위해 함께 노력을 기울이고 있는 것이다. 그러나 대응이 미흡하다는 주장이 여전하다. 아직 갈 길이 많이 남은 까닭이다.

기후과학자의 97퍼센트는 우리가 지구온난화를 초래하고 있다는 사실에 동의한다. 이들에 따르면 지구에는 초당 원자폭탄 네 개에 해당하는 에너지가 계속해서 쌓이고 있다. 쌓이는 양을 줄이고 더 나아가 에너지 축적이 더는 일어나지 않게 하려면 탄소배출을 줄이는 것이 유일한 해결책이다. 우리나라도 2050년 탄소중립을 목표로 하고 있다. 다른 나라들도 나라별 계획을 수립하고 있다.

한동안 환경 파괴의 대명사였던 '오존층 파괴' 문제가 요즘은 거론되지 않는다. 오존층 파괴의 주범은 한때 에어컨과 스프레이 등에 많이 쓰이던 일명 '프레온Freon' 가스였다. 1987년 국제사회는 '몬트리올 의정서' 등의 기후협약으로 프레온 가스의 사용을 전면 금지했다. 국제사회의 합의를 통해 오존층 파괴 물질이 아예 만들어지지 못하게 한 것이다. 그 이후 오존층은 서서히 회복되고 있고, 이런 추세라면 21세기가 끝나기 전에는 오존층 구멍이 완전히 메워질 것으로 보인다. 우리는 이미 국제사회의 합의를 이끌어내 환경 문제를 해결해본 경험이 있다.

최근 '기후변화Climate Change', '기후위기Climate Crisis'라는 단어를 넘어 '기후비상Climate Emergency'이라는 단어를 쓰는 사람들이 많아지고 있다. 사람들이 지구온난화에 따른 위협에 대응토록 하기 위한 일종의 충격요법이 아닐까 생각한다. 물론 그만큼 절실한 문제이기도 하다.

거대 화석연료 기업들은 내부적으로 화석연료의 사용이 지구온난화를 유발한다는 것을 알고 있었다. 하지만 이들은 오랜 기간 이러한 사실을 숨기고 오히려 화석연료 사용이 지구온난화를 유발한다는 과학적 근거가 없다고 주장해왔다. 기후위기에 대응하려면 특정 개인·집단·국가의 이익을 위해 정보를 감추거나 잘못된 방향으로 다른 이들을 선동하고 속이는 행위를 용납해서는 안 된다. 중요한 의사결정을 하는 이들이 항상 기후위기에 신경 쓰도록 압박하는 것도 중요하다. 기후위기 대응, 아직 늦지 않았다. 우리 모두가 발 벗고 나선다면!

에필로그

사회가 새로운 시대를 향해 나아가려는 순간을 생각해보자. 앞에 서서 나아갈 방향을 정하고 정책을 만드는 것은 정치인을 비롯한 사회 지도층의 몫이다. 하지만 우리가 선택할 수 있는 미래가 어떤 것이 있는지 제시하는 일은 그들의 역할이 아니다. 우리 사회가 나아갈 새로운 가능성은 과학기술이 열어주므로, 그 가능성을 찾고 소개하는 것은 언제나 과학자의 몫이다.

예를 들어 정부가 '반도체 산업 집중 육성'이라는 정책을 만들 수는 있지만, 과학기술인이 없다면 그 정책을 실행할 수 없다. 세계를 선도할 반도체 기술을 만드는 것은 과학자와 공학자들이기 때문이다. 결국 과학자는 미래를 만드는 사람들이며 과학자들이 만드는 지식과 기술이 힘이 되는 것이 현대 사회가 굴러가는 원리다. 과학기술이 이루어낸 성과를 악용해서 일어난 인류사의 비극을 굳이 거론할 필요도 없다. 과학기술의 공공성은 그 무엇보다 중요하다.

그래서 우리나라에 과학기술이 어떻게 도입되었는지, 과학기술이 우리나라에서 어떤 역할을 해왔는지 살펴볼 필요가 있다. 우리나라에 과학기술이 본격적으로 도입된 것은 박정희 대통령 시절이다. 과학기술은 경제개발을 위한 도구로 선택되면서 우리나라에 도입되었다. 유럽의 과학기술은 과학자들이 자발적으로 세상의 원리를 탐구하고, 생활에 도움을 줄 수 있는 기술을 찾으면서 성립되었다. 하지만 우리나라의 과학은 처음부터 개인이 아닌 국가가 개입해서 이끌어온 분야다. 이 때문에 우리나라의 과학자들은 국가 또는 권력에 예속된 것처럼 느껴진다. 조금 과장하면, 우리나라 과학자는 조용히 자신이 맡은 정해진 연구만 충실히 하면 된다는 암묵적 규칙 아래 존재하는 것 같다.

경제성장을 위한 역할에 묶여 있는 과학기술은 혁신적인 성과를 낼 수 없다. 기존의 것을 조금 변형하는 정도의 시도로는 세계를 선도하며 미래의 비전을 제시해야 하는 과학기술 본연의 역할을 다할 수 없기 때문이다. 과학과 기술이 공공성을 부여받고 인류의 미래를 위한 진짜 목적을 달성하기 위해서는 무언가에 종속된 과학기술로는 안 된다. 과학기술은 과학기술 그 자체여야 한다. 그리고 그것을 가능하게 하는 힘은 바로 과학기술에 대한 대중의 관심과 지지다.

누군가는 과학기술이 만들어놓은 세상을 그냥 누리고 살면 된다고 한다. 이는 과학을 발전시키고 더 나아가 환경오염이나 지구온난화 같은 문제는 과학자들이 나서서 해결하면 된다는 안이한 태도다. 그러나 현실적으로 과학자들만으로는 해결할 수 없는 일이 더 많다.

과학자들이 지구온난화가 위험하다고 목소리를 낸 것은 굉장히 오래되었다. 그래도 세상은 바뀌지 않았다. 그런 문제는 항상 뒷전이다. 사회를 이끄는 리더와 정치인들이 신경 쓰지 않기 때문이다. 그들이 관심을 갖고 신경을 쓰게 하려면 우리 모두가 관심을 갖고 목소리를 내야 한다. 그래야 과학자들도 우리에게 도움이 될 뿐 아니라 인류 번영에도 이바지할 수 있는 연구에 매진할 수 있다. 연구에는 필히 돈이 들어가는데, 아직 우리나라에서는 정치인들이 만드는 정책에 연구비가 좌우된다. 앞서 언급한 우리나라의 과학기술 도입 배경을 고려하면, 우리는 우리나라 과학자들을 더욱더 지지해주어야 한다. 그들이 자신들의 과학에 매진할 수 있도록 말이다. 그러려면 과학을 알아야 한다. 잘 모르더라도 일단 관심을 가져야 한다. 과학이 주는 편리함을 누리되 그 편리함이 주는 위험을 항상 경계해야 한다.

우리는 가족이나 친구들을 만나면 다양한 이야기를 나눈다. 어떨 때는 드라마·가수·영화·책을 주제로 이야기를 나누고, 좋아하는 운동, 예를 들면 헬스·요가·축구·골프를 대화의 소재로 삼기도 한다. 재테크·주식·부동산 이야기도 빠지지 않는 소재다. 하지만 우리는 '과학'을 주제로 이야기를 나누지는 않는다.

가족이나 친구들과 밥을 먹으며 과학 이야기를 나누지는

못하더라도 인터넷에 올라오는 과학 관련 소식에는 관심을 가져야 한다.

최근에는 대화형 인공지능 서비스인 '챗GPT(Chat Generative Pre-Trained Transformer)'가 각종 매체와 커뮤니티 게시글에 자주 등장하고 있다. 그렇다면 챗GPT에 관해 한번 찾아보고, 왜 그토록 큰 이슈가 되고 있는지 알아볼 필요가 있다. 챗GPT는 기존 서비스와 달리 정제된 텍스트를 만들어주는 강력한 기능을 제공한다. 코딩도 해주고 이메일이나 기사를 써주기도 하며 아이디어를 제공해주기도 한다. 이 때문에 어떤 이들은 챗GPT를 강인공지능Strong AI으로 오해하기도 하지만, 그것은 아니다. 챗GPT 같은 기계학습 인공지능은 기존에 사람들이 만들어놓은 자료나 데이터를 바탕으로 학습하기 때문에 가끔 편향성을 드러내는 문제도 여전히 안고 있다. 하지만 중요한 것은 챗GPT의 영향으로 우리 생활에 많은 변화가 생길 것이라는 점이다.

과학은 쉽지 않다. 어렵다. 어려울 뿐만 아니라 엄격하기까지 하다. '과학자 사회'에서 과학은 엄격한 기준을 통과해야 하고 충분한 논의가 이루어진 내용만 인정받는다. 그래서 보통 사람들에게 과학을 좀 더 알기 쉽게 전달한다는 것은 쉬운 일이 아니다. 그것이 이쉽다고 말할 수는 없다. 앞서 언급한 대로 과학은 어렵기 때문이다. 『사이언스』나 『네이처』 같은 유명한 과학잡지에 실린 논문의 내용을 밥상머리에서 주고받는 것이 가능하다고는 생각하지 않는다. 그런 이야기는 과학자들이 나누는 것으로 충분하다.

다만 우리는 초등학교에 다니던 시절에 공룡이나 별을 보고 신기하다고 생각한 적이 있다. 또 부모님의 손을 잡고 동물원과 식물원에 가서 초롱초롱한 눈빛으로 여기저기 기웃거린 경험이 있고, 텔레비전에 나오는 과학 다큐멘터리를 주의 깊게 본 적이 있다. 과학은 어렵지만 가끔은 신기하고 재미있는 분야다. 다만 그게 과학인지 모를 뿐이다.

잠깐 짚고 넘어갈 것이 있다. 과학에 대한 지지와 관심이 중요하다는 이야기를 하고 있지만, '과학만능주의'는 경계해야 한다. 과학이 모든 문제를 다 해결해줄 수는 없다. 특히 과학기술이 발전하면서 중요해지고 있는 윤리와 가치의 문제에 있어서는 인문학과 종교의 역할도 중요하다. 유전자 편집 기술을 어디까지 허용할 것인지, 인공지능이 인류를 좌지우지하려고 할 때 어떻게 행동해야 하는지, 과학기술이 극도로 발달한 세상이 된다면, 과연 우리는 무엇을 통해 우리 스스로의 가치를 확인할 수 있을지 이런 문제들에 대한 대답은 과학기술이 스스로 할 수 없다.

나는 과학기술에 뛰어난 전문성을 지닌 사람은 아니다. 또 사람들이 말하는 이른바 '과학자'라는 직업을 가진 사람도 아니다. 그렇다고 누구나 감탄할 만한 문학적 표현이나 비유를 할 줄 아는 사람은 더더욱 아니다. 그럼에도 이렇게 과학과 조금은 관련이 있는 글을 쓰고 있다. 과학은 분명한 한계를 가지고 있지만, 그럼에도 조금이나마 '과학적'으로 생각할 수 있다는 것 자체가 삶을 더욱 풍요롭고 행복하게 하는 데 도움이 된다고 믿기 때문이다.

그리고 한 가지 이유가 더 있다. 인간의 광기에 맞설 유일한 무기가 바로 과학이기 때문이다. 인류의 역사를 돌이켜 보면 종종 정치적인 이슈로, 종교적 견해의 차이로, 가끔은 전혀 알 수 없는 이유로 집단적 광기를 일으킨 적이 있다. 멀리 고대 문명의 대규모 인신 공양 풍습부터 사이비 종교의 테러, 특정 정치 집단의 폭거, 집단 자살에 이르기까지 모두 인간이 일으킨 광기의 결과다.

인간의 광기는 최첨단 과학기술이 만들어낸 이점을 누리며 사는 오늘날에도 계속되고 있다. 코로나19에 관해 확인되지 않은 소문이 퍼지고, 과학기술이나 바이러스에 대해 전혀 전문성이 없는 사람들의 말을 다수가 믿고 따르는 현실은 광기에 가깝다.

확인되지 않은 사실과 과학적이지 않은 말들로 선동하는 사람도 문제지만, 어찌 보면 선동이 가능하다는 것 자체가 더 심각한 문제다. 전반적인 지식 수준이 높아졌다 하더라도 여전히 권위 있는 사람들의 말 한마디에 휘둘리는 게 현실이다. 그러지 않을 정도로 우리 사회의 전반에 과학적 기반이 탄탄해져야 한다.

고백하자면 나도 스스로, 근거는 없지만 어딘가에서 전해 들은 말을 믿은 경험이 있다. 그래서 경험하지 않아도 될 일을 경험하기도 했고, 해서는 안 될 일을 하기도 했다. 하지만 과학적이지 않은 '무언가'를 믿게 되면 그 결과는 단순히 시행착오로 끝나지 않는다. 금전적인 손해를 볼 수도 있고 심지어 건강이나 목숨을 잃을 수도 있다.

요즘 사회 상황을 보면 안타까운 일이 많다. 정치나 종교 지도자들은 대책을 세우기보다는 잘잘못을 따지는 데 더 많은 시간을 허비하고 있다. 또 사회적 위기를 기회처럼 활용하는 사람들도 눈에 보인다. 세계 여러 나라보다 우리의 대응과 인식 수준이 나은 것은 그나마 다행이지만.

과학이 모든 문제를 해결할 수 있다는 것은 절대 아니다. 다만 과학이 우리 시대에 가장 유용한 삶의 방식이자 태도라면 삶의 중심 언저리에는 과학을 둘 수 있어야 한다. 우리 사회에 그런 사람이 많아지게 되면 바로 그때가 진정한 과학기술의 시대가 완성되는 날일 것이다.

지금 전 세계는 코로나19라는 거대한 적과의 싸움을 끝내가고 있다. 하지만 그 뒤에 기후위기라는 더 큰 적이 인류의 생존을 위협하고 있다는 사실을 잊으면 안 된다. 기후위기를 극복하기 위해 과학기술은 더 많은 역할을 해야 한다. 하지만 과학기술에만 의존해서는 안 된다. 우리는 우리 스스로 할 수 있는 일을 해야 한다. 그것이 바로 과학자를 지지하고, 그들의 이야기에 귀를 기울이며, 과학적 태도로 세상을 살아가는 것이라 생각한다.

최근 우리나라의 가장 큰 문제는 낮은 출산율이라고 한다. 2021년 우리나라의 합계 출산율은 0.8명 수준이었다. 비혼과 딩크DINK(Double Income, No Kids)족이 점점 늘고 있다. 젊은 세대만을 탓할 수는 없다. 내 집 마련과 육아를 감당하기 어려운 현실이기 때문이다. 나는 그들이 스스로의 편함만을 위해 아이를 낳지 않는다고 생각하지 않는다. 어쩌면 그들은 자신의 아이들이 희망 없는 미래를 살아가게 만들 수 없다는 생각에서 그런 판단을 하지 않았을까? 요즘은 그런 생각이 자꾸 든다. 더 나은 세상이 될 것이라는 믿음이 있다면 어떨까? 우리의 미래를 희망으로 가득 찬 세상으로 만드는 것은 할 수 있다. 우선 과학에서 시작해보자.

이 책은 전문적이기보다 약간은 신변잡기에 가까운 글들로 채워져 있다. 과학적 내용에 대한 설명은 상식적인 선에서 뭉뚱그려 서술한 부분도 많다. 어떤 면에서는 비약이 다소 심할 수도 있다. 독자들이 과학이라는 분야에 쉽게 다가가기를 바라는 내 간절한 소망이 담겨 있기 때문이다. 이 책을 눈에 담으시는 독자들의 너그러운 이해를 부탁드린다.

이 책이 과학과 여러분의 거리를 줄이는 데, 여러분이 과학적 태도를 갖추고 험한 세상을 살아가는 데 조금이라도 도움이 되었기를 바란다. 과학, 충분히 즐길 만한 것이다.